新经典文化股份有限公司
www.readinglife.com
出　品

物

［瑞典

THE RE-

A
For

目　录

引　言

一个新世界

古希腊人将火视为一切艺术和知识的起源。在古希腊神话中，普罗米修斯为人类盗取火种，违背了宙斯的意志，因此受到宙斯重罚[1]。正如《圣经》中所描述的，人类因为堕落吃下知善恶树所结的禁果，代价固然高昂，但同时人类开始拥有智慧、知晓是非。

1818年，玛丽·雪莱（Mary Shelley）出版了自己的第一部长篇小说《弗兰肯斯坦——现代普罗米修斯的故事》（*Frankenstein: The Modern Prometheus*）[2]。书中虚构了一个人类受狂妄和野心驱使，越界模仿上帝发生的故事。小说撰写于19世纪“复活死人”实验兴起之际。当时的科学家发现，在死青蛙体内通上电流，能引起肌肉收缩[3]。于是有理论声称，人类或许已经找到了一种能创造生命的神奇力量。犹太神话中早有此类幻想，比如，在黏土中注入巫术后它便拥有了生命，成为能自由行动的“魔像”[4]。雪莱以此为灵感，建构出一个骇人的场景：人们在尚未彻底了解和完全掌控这种神秘力量时便擅自使用，企图赋予死人生命。小说的主人公是一个名叫维克多·弗兰肯斯坦的科学家，他原想通过电击复活尸体，却意外制造出一个怪物。弗兰肯斯坦不敢承担实验失败的严重后果，选择逃之夭夭，任由怪物自生自灭。弗兰肯斯坦如果能够留下来，好好看管他所创造的生物，此后的悲剧或许可以避免。

又过了175年，电影《侏罗纪公园》（1993年）问世[5]。在这部影片中，科学家无法抑制的狂热和好奇让早已灭绝的恐龙复活，肆虐人类世界，整个局面走向失控。它告诉我们，滥用颠覆性的科技和类似造物者的神力会让人类付出惨重代价。但同时我们也不应忘却，人类之所以为人，离不开知识的发展和科技的进步。

生活在现代社会，却被古老传说、文学作品影响支配，听起来不免有些可笑，可在我看来，第一次听闻科学家试图利用现代基因技术复活已经灭绝的物种时，我之所以会产生极其复杂的情感，正是因为这些传说和作品。

对于这些极有挑战性的生物工程，我的第一感觉是激动。我像个躁动不安的青春期少女，幻想着能看到一头活生生的猛犸象，一只体格庞大的恐龙，或是某种已灭绝许久的生物。我幻想着能够目睹它们的模样，亲手触摸它们的皮毛，亲耳听见它们的叫声。还有，猛犸象闻起来到底什么味儿？恐龙走路时，会像鸟儿似的来回摇摆吗？原牛会和奶牛一样，发出“哞哞”的叫声吗？

科学家们试图复活的动物中，有一些虽然貌不惊人，但却令人啧啧称奇，比如生活在澳洲的胃育溪蟾。完成体外受精后，雌蛙会将蛙卵咽下，在胃部孵化，待幼蛙发育成熟后吐出。胃育溪蟾在20世纪80年代灭绝，壶菌病被认为是导致其灭绝的罪魁祸首，这种疾病如今仍然威胁着其他蛙类。科学家将复活灭绝生物的研究项目命名为“拉撒路计划”，灵感来源于《圣经》中被耶稣奇迹复活的人物拉撒路[6][7]。

本书中提到的所有研究项目都源自同一个想法：“哇！这肯定能行！我们当然要放手一搏！”促成它们的，是人类永恒的好奇和热情，正如学龄儿童努力想要记住所有恐龙的名字，或是探险家不畏艰险扬帆驶向地平线。这种情感极具感染力，如火焰般烧灼着一切。

我的第二感觉是忧虑不安。这个想法真的好吗？它会不会导致难以想象的恶果？会不会弄出一个无法收拾的烂摊子？我的担心不仅仅来自神话传说，现实生活中同样不乏惨痛的教训——人类出于善意目的发起的探索和试验，却给大自然带来了灾难性的破坏。

有一个事例在今天看来可以说荒唐至极。1890年冬，一个名叫尤金·席费林（Eugene Schieffelin）的德国人移民到美国，为纽约带来一群欧洲的鸟儿[8]。他希望出现在莎士比亚经典剧作中的所有鸟类也能在北美占有一席之地。席费林是一个颇有声望的科学协会——纽约动物学会的成员，他的“宏伟蓝图”得到了其他协会成员的广泛支持。协会所推动的“驯化行动”，正是旨在从旧世界欧洲引进植物和鸟类，促进大陆间物种的交流。

短短几年，大部分引进工作都以失败告终，然而在中央公园放飞的几十只椋鸟却顺利繁衍生息，迅速扩张至整个美国，导致本地鸟类数量急剧下降。如今，美国约有2亿只欧洲椋鸟，它们给自然保护和农业生产造成了巨大的麻烦。究其根源，竟是源于本应最有价值的目标——促进生物多样性和跨文化交流。

作为一名科学记者，我每天都能见证对科学的热切和好奇如何改善了我们的生活，使人们受益。创新和改变涉及方方面面，包括我们使用的科技产品，生病时服用的药物，日常吃的食物和穿戴的服装。我可以笃定地说，这个世界能变得越来越好，很大程度上应该归功于层出不穷的构想和实验。不过，我的乐观精神和对未来的信心并不能打消所有疑虑。

比起 20 世纪 90 年代电子技术的日新月异，如今基因技术和生物技术的发展速度大有赶超的趋势。这意味着，几年前人们视为天方夜谭的设想，科研人员已经在付诸实践。不难想象，现在的不可能，在不远的未来将成为可能。那么，猛犸象的再现或许也不再遥不可及。

小到细菌，大到人类，基因重组的新方法创造出一个充满可能、同时暗含风险的新世界。它的崭新面貌不免让人望而却步。正如计算机问世时，人们因缺乏相关信息和知识而感到无措，既无法理解它的作用，也无法预判它未来的走向。

我认为，基因工程和生物工程将会像电子科技那样，从根本上改变我们的生活。我也坚信，其中绝大多数的改变是积极的、正面的，但确实可能会伴生一些棘手的问题。如果不能重视和正视风险，不去深入探究其产生的前提和背景，我们恐怕会就此止步不前。单就现实层面来说，我们应该考虑的是如何避免重蹈维克多·弗兰肯斯坦或尤金·席费林的覆辙；而就哲学层面来说，我们还要思考，这种改变生活的推动力对我们的文化和社会，甚至人类本身，将产生怎样的影响?

对于这项复活生物的工程，我的第三个感觉是，灭绝物种的复活关乎一种怀旧情结，一种回归失落世界的渴望。在积极推动这项工程的科学家中，我曾见过梦想不朽的耄耋老人，有 4 位的年龄已经超过 60 岁。同时，也有意志坚定的年轻人，比如本 · 诺瓦克（Ben Novak），虽然还不到 30 岁，但已经决定奉献整个职业生涯，用以复活已灭绝的旅鸽。所有人都深信，这个世界和人类自身都失去了某样重要的东西，而这些损失或许是可以挽回的。至于确切失去了什么，它又是何时消失的，每个人的答案都不一样。

在本书的撰写过程中，我始终沉浸在激动、畏惧和怀旧的复杂情绪中，左右徘徊。同时我也意识到，决定复活灭绝物种的这些科学家身上，有太多可以深入发掘的东西。他们的尝试一定还有别的考虑，或许意义更为深远。

我接触过的各位科学家都在致力于让整个世界成为一个更富饶、更多样化，也更美好的家园。他们确信，复活灭绝的物种对未来大有裨益。亨利 · 柯克迪克-奥腾（Henri Kerkdijk-Otten）希望能培育出原牛，乔治 · 丘奇（George Church）试图复活猛犸象，威廉 · 鲍威尔（William Powell）则期待重现美国栗树曾经的繁茂。他们的目标并不仅限于单独的个体，而是让一个物种重回自然界。

唯一的例外是试图复活恐龙的杰克 · 霍纳（Jack Horner）。他的实验和其他人的都不一样。如果你打开这本书，只是因为想知道侏罗纪公园是否会变成现实，那我建议你直接翻到第 13 章，希望你的好奇心得到满足后，还有兴趣从头读起。若想了解这些基因工程的更多背景资料，你可以参考各章末尾的索引和注释，或者登陆这本书的主页进行搜索（http://www.kornfeldt.se/kallor-noter-vidare-lasning）。

重现一个物种究竟对现实世界有何影响，这点仍有待观察。从原则上说，书中提及的所有工程若想成功，至少要依赖未来科学领域的重大突破。不过，如今类似的科研突破进展迅速，技术不太可能成为科学家们的绊脚石。

复活灭绝物种这一想法真正吸引我的地方在于，它扩充了我对世界的认知，开拓出种种新的可能。当然，我们必须共同面对一个根本性的问题：人类对自然的掌控在什么样的范围内比较合理？既然我们已经在探讨重现灭绝物种的可能性、干预野生动物的生存环境，甚至人为创造新的生命形式，那么我们该如何合理运用这些知识呢？

复活已经灭绝的物种究竟是不是一件好事？我会尽自己所能，详细阐述我了解到的实验过程中的一切细节，然后由你来回答这个问题。

注释

[1] 普罗米修斯为人类盗来火种，火于是成为文明起源的象征。这一神话故事见于诸多古代文献，例如，古希腊悲剧诗人埃斯库罗斯（Aeschylus）于公元前四世纪所著剧作《被缚的普罗米修斯》。柏拉图的著作中也有提及。

[2] 1818年，玛丽·雪莱在伦敦匿名出版了长篇小说《弗兰肯斯坦——现

代普罗米修斯的故事》。直到 1823 年在法国推出第二版时，她才公布自己的名字。

[3] 1780 年，意大利医生兼动物学家路易吉 · 伽尔瓦尼（Luigi Galvani）首次在实验中发现，在死青蛙体内通上电流，能够引起肌肉收缩。文章“动物电流 1781”（*Animal Electricity, circa 1781*）还原了相关实验，并配有插图，于 2011 年 9 月 28 日发表于《科学家》（*The Scientist*），http://www.the-scientist.com/?articles.view/articleNo/31078/title/Animal-Electricity–circa-1781。

[4] 魔像是犹太神话中的一种人偶，通常由黏土塑成，头脑中灌注巫术后可自由行动。传说 15 世纪时，一位拉比（Rabbi，犹太人中的一个特别阶层，是老师也是智者的象征）将他制造的魔像留在家里担任仆从。一开始相安无事，但后来，魔像逃出家门，在城里煽动起一场骚乱。拉比收回了魔像头脑里的巫术，发誓从此再也不效仿上帝创造生命。

[5] 电影《侏罗纪公园》根据迈克尔 · 克莱顿（Michael Crichton）于 1990 年出版的同名小说改编而成。就“复活的恐龙引发骚乱”这一题材而言，《侏罗纪公园》并不是第一部作品。约翰 · 布鲁斯南（John Brosnan）于 1984 年就出版了名为《重返侏罗纪》（*Carnosaur*）的小说，该小说同样被改编为电影，于 1993 年上映。

[6] 澳大利亚新南威尔士大学所进行的“拉撒路计划”，即“The Lazarus Project”，旨在复活已灭绝的物种——胃育溪蟾。项目负责人是古生物学教授麦克 · 阿彻（Michael Archer）。关于该项目的更多内容，可以参考 2015 年 4 月 18 日发表在《悉尼先驱晨报》（*The Sydney Morning Herald*）上的报道“拉撒路计划：科学家对‘去灭绝’的探索”（*The Lazarus Project: Scientists' quest for de-extinction*），http://www.smh.com.au/technology/sci-tech/the-lazarus-project-scientists-quest-for-deextinction-20150417-1mng6g.html。

[7] 麦克 · 阿彻关于“拉撒路计划”的 TED 演讲可参见：https://www.ted.com/talks/michael_archer_how_we_ll_resurrect_the_gastric_brooding_frog_the_tasmanian_tiger?language=en。

[8] 从很多方面来看，尤金 · 席费林都是一个非常有意思的人，关于其人其事，可以找到大量有意思的报道。例如，2014 年 5 月 29 日发表于《太平洋标准》（*The Pacific Standard*）的“莎士比亚的狂热粉丝将莎翁

诗中的所有鸟类带到了美国”（*The Shakespeare Fanatic Who Introduced All of the Bard's Birds to America*），http://www.psmag.com/nature-and-technology/shakespeare-fanatic-introduced-bards-birds-america-82279；以及 1990 年 9 月 1 日发表于《纽约时报》（*New York Times*）的“椋鸟一百年”（*100 Years of the Starling*），http://www.nytimes. com/1990/09/01/opinion/100-years-of-the-starling.html。

第 1 章

西伯利亚的夏天

前往东西伯利亚的切尔斯基地区（Chersky），只能乘坐局促破旧的螺旋桨飞机[1]。每两周有一班飞机从雅库茨克新建的机场出发。雅库茨克，这座号称世界上最寒冷的城市，冬季气温可以降至零下 50 摄氏度，而在 7 月中旬我们到达的这一天，却炎热得炙人。

我们坐在一辆小巴士里，等待登机。13 个成人、两名儿童和一只有着毛茸爪子和耳朵的小狗。一个男人捧着一盆兰花；一个女人带着一件貌似圣诞装饰品的东西，用黑色塑料袋罩得严严实实，约莫有一人高；另一个女人拿着窗帘杆。我是唯一一个不会说俄语的人，也是唯一一名访客——其他乘客都是从大都市雅库茨克采购完毕、准备返家的切尔斯基人。

飞机看起来随时可能坠毁，一名穿着工装裤的机械师在附近转悠，拿着螺丝刀戳了戳舱门。一名飞行员走上前去，用手试了试螺旋桨能否正常运转。我坐在小巴士里，心情越来越紧张。不然，干脆取消这趟航程吧？可我有别的选择吗？毕竟这是前往切尔斯基的唯一方式，而且其他人似乎毫不担心飞行安全。最终，我只得硬着头皮，和大家一起踏上了摇摇晃晃的舷梯。

没有人在意机票上的座位。两名空乘指示大家尽量靠前坐。她们不说英语，只是用手指指点点比画了一番。机上的座椅破旧不堪，甚至无法支撑起靠背，大家只能全程半躺着。座椅下完全没有充气救生衣的踪影。空乘沿着窄仄的过道发放呕吐袋和咖啡时，那只毛茸茸的小狗就在座位间跑来跑去。飞机在上升过程中经历了剧烈的颠簸和震颤，但进入平飞状态后倒是颇为稳当，几乎一路向东。不过，在整整 5 个小时的航程中，我的脉搏一直比平时要快。

“这架飞机 50 年都没出过事，这次怎么可能有问题呢？”平安降落后，尼基塔 · 齐莫夫（Nikita Zimov）对我说道。

我们坐在宽敞的圆形大厅内，这里是研究站的核心区域，也是我此行前往切尔斯基的目的地。这座研究站是尼基塔的父亲谢尔盖 · 齐莫夫（Sergey Zimov）于 20 世纪 80 年代创建的[2]。它距小镇好几公里，离你所能到达的任何地方都很远。

切尔斯基地处西伯利亚内陆，位于堪察加半岛西侧、日本以北稍稍偏东的位置。顺着宽阔的科雷马河，行船数日可抵达北冰洋海域。这里不通公路，连接外界的交通工具只有飞机或轮船。苏联时期，切尔斯基曾是罪犯的流放地；而繁荣时期，这里曾吸引大批淘金者。如今，1/3 的住宅都已空置，人口锐减到不足 3000 人。我听说，20 世纪 80 年代，镇上曾兴建过两个温水泳池，但很快就随着众多餐馆一起关门倒闭了。

从城镇中心败落的房子望出去，这里的景色格外美丽：宽广而平坦的大地上，遍布着蜿蜒的河流和清浅的湖泊；大片的河漫滩覆盖着黄花柳和落叶松森林；黑腐泥孕育出油绿葱郁的青草；河流将绵长的海岸线弯曲包围；在干燥的山丘上，长满了繁茂的圆叶桦。正值7月，柳兰和菊蒿争相竞放，到处都开满了明媚的粉色康乃馨和蓝色的穗花婆婆纳。

“我听说瑞典人很能喝。”见面的第一晚，尼基塔斟了一小杯伏特加递给我。这里的所有人都会就着伏特加吃晚餐，谢尔盖甚至在午餐时也要来上一杯。

谢尔盖很符合大众对俄罗斯人的刻板印象。他是一位离群索居于西伯利亚荒野的科学家，拥有一头灰色长发，还蓄着灰色胡子。他总是身穿T恤，头顶贝雷帽，嘴里叼着烟斗，在研究站里溜达。他的妻子加琳娜负责大部分的文书工作。

对于不同性别适合什么领域，谢尔盖自有许多看法。在某些方面，我和他持相同观点。比方说，走访切尔斯基期间，要不是别人拉一把手，我根本没法从船上爬进爬出。看得出，他很自豪，因为儿子尼基塔能接管整个研究站。至于定居圣彼得堡的小说家女儿，他则不愿多谈。不过，谢尔盖在第一晚就和我说，女性完全能胜任科学研究工作，研究站接待过的最优秀的访问学者中，有不少是女性。

谢尔盖于20世纪80年代来到切尔斯基，并创建了这所研究站。当时，西伯利亚原住民拥有自己的书面语言，不以俄语为母语。为了扩大控制力，苏联政府大量斥资，试图将资源和影响拓展至北西伯利亚地区。他们指派“纯正的俄罗斯人”迁移至此，以巩固国家团结。大批的研究站和矿井如雨后春笋般涌现，航空交通也应运而生。

“这是个好地方。我有大把的自由时间，还可以远远躲开那些空洞的宣传口号。”晚饭时，我们吃着驼鹿肉丸，谢尔盖不禁感慨。

如果喜欢吃烤驼鹿肉的话，研究站的伙食可以说相当不错。到了晚上，大家边喝啤酒边玩扑克，每个人都在大嚼风干腌乌贼。味道还算可口，只是肉质偏老。

苏联解体，意味着拨款的中断，研究站的经费出现了危机。谢尔盖接到指示，携同家眷一起离开研究站，前往新西伯利亚大学任教，但他拒绝了。谢尔盖决定留在切尔斯基，和家人共同建立俄罗斯第一所私人研究站。

起步很艰难。尼基塔回忆说，90 年代是一段灰暗的岁月，当时自己只有十几岁，一家人有时候连饭都吃不上。现在情况有所改观，每年，全世界有 50 多名科学家到这里来研究自然生态和永冻层，其中美国人居多。和我同行的约有 15 名访客，除了几名德国科学家外，还有一组美国学生，每晚都会弹奏吉他。

“电影《阿甘正传》中，飓风卡门摧毁了其他的捕虾船，才让主人公的捕虾生意获得意外的成功。我们的情况也如此。地理位置如此靠北，能达到这样规模的研究站，全世界也没有几所。”尼基塔说。

我一路长途跋涉，就是为了见识猛犸象——至少了解一下它们曾经的生态系统[3]。近 500 万年以来，约有 10 种不同种类的猛犸象先后出现，又相继灭绝。最后灭绝的长毛猛犸象，是这个物种在我们脑海中最先浮现出的形象：庞大的身形、流线型的背部、厚实的长毛、卷曲的巨齿。它的祖先生活在距今约 4 万年前的东亚。

猛犸象的分布范围很广，可以从今天的西班牙、意大利和瑞典南部，穿过整个西伯利亚和中国大部分地区，一直延伸到阿拉斯加和北美。和现代象群一样，猛犸象习惯群居生活，由年长的雌性担任首领。3 万～4 万年前，人类的祖先离开了非洲，在向中东和欧洲迁徙时，首度遇到猛犸象。其时，尼安德特人已经和它们共生共处了相当长的时间，尼安德特人甚至能捕猎猛犸象，将它们的腿骨用作建筑材料[4]。

最近一次冰河时期大约始于 10 万年前，当时整个北欧仍被厚厚的冰川覆盖，东西伯利亚却呈现出欣欣向荣的草原地貌。风和洋流使得这片土地干燥多风，同时免于冰川侵袭，在炎热的夏季，青草长势蓬勃。在这里繁衍生息的除了猛犸象，还有长毛犀牛、麝牛、马匹和狼群。尼基塔和谢尔盖估算过 4 万年以前这片土地上的动物数量，根据他们的统计模型计算，当时东西伯利亚的物种丰富程度堪比今天的非洲大草原[5]。大约 2.7 万年前，第一批人类抵达这里，那时可供他们狩猎的野生动物一定不计其数[6]。

约 1 万年前，气候发生变化，宣告冰河时期结束。西伯利亚越来越暖，猛犸象的身影几乎在同时消失了。但猛犸象灭绝的原因仍然不明，世界各国的科学家对此有诸多讨论[7]。究竟是因为日渐变暖的气候，还是人类越发精湛的狩猎本领？古遗传学家贝丝·夏皮罗（Beth Shapiro）认为，也许两者兼而有之。她的研究显示，最近一次冰河时期之前的阶段性炎热并未对猛犸象造成威

法国多尔多涅省鲁菲尼亚克洞穴，新石器时代的猛犸象岩画。（图片来源：Wikimedia Commons）

胁，但冰河时期结束带来的植被环境改变、草地缩减、泥炭地和沼泽扩张，使猛犸象的生存形势日益严峻。不过贝丝认为，擅长狩猎的人类是压死骆驼的最后一根稻草。要解开这一谜团，尚需时日[8]。

和猛犸象一同消失的，还有长毛犀牛等大量物种，广阔的草原也被如今的湿地和落叶松林取代。而在北冰洋的一些岛屿上——尤其是弗兰格尔岛——猛犸象繁衍得稍久一些。最后一批猛犸象的死亡时间是距今大约4000年前，那时，宏伟的吉萨金字塔群已建成数百年[9]。

“猛犸象数量最多的时候，这里的生态系统极为丰富，至今这些生态资源仍能满足当地人的需求。”谢尔盖说。

他告诉我，在切尔斯基，不经营研究站的话，只有两种方式挣钱。要么捕捞当地的红点鲑，要么挖掘猛犸象牙。这些年有不少人下海从事象牙买卖。外国买家愿意给出的价格一路飙升，而在苏联政府时期，它们完全不值钱。

切尔斯基的一些当地人购买了潜水设备，潜入大大小小的河流中打捞象牙；另一些人则耗费数月，深入荒郊野外寻找象牙。据估算，每年从西伯利亚输出的猛犸象牙约有 60 吨，几乎都运往东亚[10]。猛犸象牙贸易虽然合法，但为了逃避个人所得税和关税，其中仍有一大部分属于黑市交易。

“挖掘猛犸象牙是当地人唯一能挣大钱的方法，这样他们才买得起雪地车这样的昂贵商品。”谢尔盖说。

谢尔盖告诉我，他自己在探险过程中发现过无数猛犸象牙，明码标价以后，它们越来越罕见。紧接着，谢尔盖说起自己曾经找到的最大的一根象牙。

“它的横截面有这么粗，”他边说边用双手比画着，大概不到半米。“从头到尾有这么长。”他伸长了胳膊，继续说道。

我猜这是属于切尔斯基人的吹牛方式，在每一批记者听说的版本里，那根猛犸象牙都会增长几公分。不过猛犸象牙之大，倒并不是夸张。雄性和雌性都有象牙，雌性的要细小一些。猛犸象牙在生长过程中会产生螺旋形扭转。两根象牙先由头部向外笔直伸出，然后向内翻转并逐渐靠拢，个别的还会交缠在一起。迄今发现的最长的一根猛犸象牙，长度超过了 4 米。

谢尔盖客厅的角落里摆放着两根保存完好的猛犸象牙，长约 1 米。除此之外，还有两个长毛犀牛的头骨。

“这些算是一份保障，以备不时之需。最大的那根象牙价值 5 万美金呢。”他半开玩笑地说。

在研究站里的确随处可见猛犸象的痕迹。猛犸象的臼齿有些被用作镇纸，有些就陈列于大厅中。和其他大象一样，猛犸象除了暴露在外的巨大门齿外，嘴里还长有 4 颗臼齿，上颌和下颌各两颗。猛犸象的一颗臼齿重量可达两公斤。

浴室和卧室之间的走廊上放着一只大纸箱，里面横七竖八地装满了长长的猛犸象骨。有人用记号笔在纸箱外写了一些俄语单词，我并不认识，不过根据尺寸来看，这些应该是大腿骨。每次经过的时候，我都忍不住要摸一摸。它们是科学家复活猛犸象的希望。在提取冰河期生物骨骸的遗传物质方面，前文提到的美国古遗传学家贝丝 · 夏皮罗无疑是世界上最杰出的专家之一。她用漫长而艰难来形容猛犸象的基因重建过程。

你可以将整个基因组比作一部巨著，类似《战争与和平》、《魔戒三部曲》或《莎士比亚全集》，它存在于猛犸象身体的每一个细胞内。和书不同的是，基因组内的遗传物质必须不断被修复才能够保持完整和稳定，可以理解为细胞内始终在进行装修工程。然而，猛犸象一旦死亡，长长的 DNA 分子链便开始断裂成越来越碎的小块。就好比书页因为脱胶而散落开来，继而分解成句子、短语和单词。

用贝丝 · 夏皮罗的话说，你可以把这想象成将一大堆碎纸屑撒进泥泞的土地中，任由风吹雨淋，经受大批冰河期生物的踩踏，然后要从中拼出莎士比亚的《哈姆雷特》。这就是对分析和提取古生物遗传物质最贴切的比喻[11]。

这些猛犸象骨冰封于永冻层内、埋藏地下已有上万年。它们的主人或许不幸在某片水域溺毙，然后嵌入冰冻的沉积物中。尽管在低温条件下，它们的外观保存完好，但体内的基因组已经在漫长的岁月中碎裂瓦解。这些古老的骨骸被碾磨成粉末，科学家就从中提取残存的 DNA 分子碎片。但新的问题随之产生，在掩埋碎纸屑的泥泞土地中，除了你要找的书，还混杂了其他书的碎屑。科学家发现的大量遗传物质来自细菌、真菌、昆虫，以及封冻于冻土层的几万年间骨骼内可能产生的一切。有时，猛犸象的遗传物质只占到百分之一。

在找到所有碎片，并且分拣出其中属于猛犸象的部分后，接下来的任务就是按照正确的顺序对它们进行排列。唯一的排列方法是参考一个近缘物种，比如，将亚洲象的基因组作为模板，然后将每一块遗传物质的碎片和模板进行对比，放入正确的位置。最后，就像完成拼图作品一样，DNA 碎片一块叠着一块，构建出完整的猛犸象基因组图谱。

通过这种方法，科学家能够逐步拼凑出猛犸象的基因组，精确性越来越高。最近的突破性研究成果之一，是斯德哥尔摩自然历史博物馆的科学家提交的猛犸象的完整基因组序列[12]。

如今，科学家已经清楚地知道，猛犸象携带着哪些基因，它们和亚洲象的区别具体表现在哪些方面。我们从而有可能找出赋予猛犸象显著特点的基因，包括耐寒保暖的厚实皮毛和皮下脂肪，以及比其他大象显著偏小的耳朵，等等。在这些知识的基础上，重现猛犸象不再是遥不可及的奢望。

尼基塔和谢尔盖所研究的，不仅仅是猛犸象曾经的自然生态，

和其他象种一样，猛犸象的嘴里同时长有4颗臼齿。像这样一颗保存完好的臼齿可重达近两公斤。

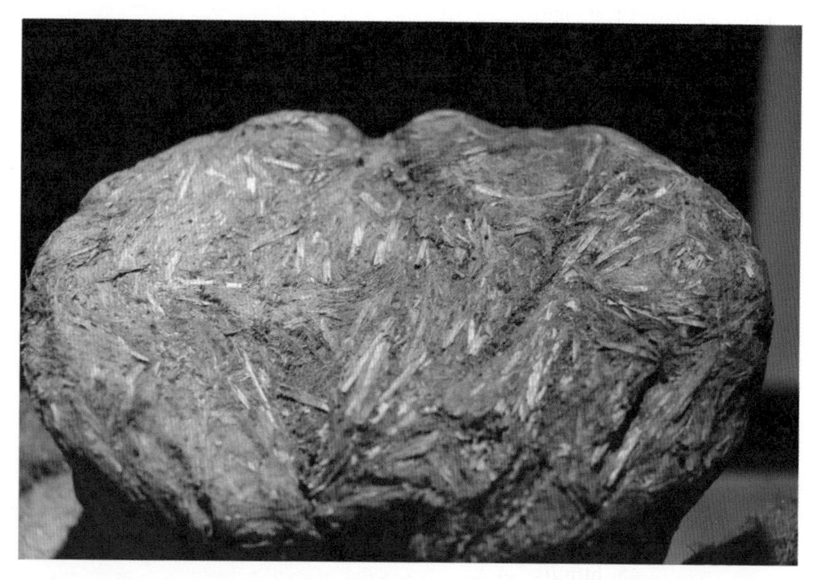

保存于永久冻土内的不仅仅是猛犸象的身体，还有它们的粪便。这坨富含纤维的猛犸象排泄物在雅库茨克猛犸象博物馆展出。

也是未来猛犸象得以生存的家园。复活这种长毛庞然大物的工程已经正式启动，象征实验初级阶段的细胞正在波士顿的一所实验室内进行培育。

飞往美国前，我在雅库茨克稍作停留，并游历了该城市最著名的景点。

注释

[1] 切尔斯基和东西伯利亚其他地区的历史非常有趣，苏联解体后，切尔斯基的城市发展同样值得关注。美联社于 2011 年围绕苏联解体后的社会状况发表了题为“苏联时代后西伯利亚偏远城镇的没落”（*Isolated Siberian town shrivels after Soviet era*）的新闻报道，http://www.foxnews.com/world/2011/01/08/isolated-siberian-town-shrivels-soviet-era.html。

[2] 研究站的主页：http://terrychapin.org/station.html。

[3] 关于猛犸象的进化历程、生态学知识，以及早期人类和它们的关系，有大量著作。其中一本具有代表性的概述性专著就是《猛犸象：冰河时代的巨人》（*Mammoths: Giants of the Ice Age*），由艾德里安·李斯特（Adrian Lister）和保罗·G. 巴恩（Paul G.Bahn）合著，2007 年由伦敦的弗朗西斯·林肯出版社（London: Frances Lincoln）出版。

[4] 尼安德特人会猎捕猛犸象，用它们的腿骨建筑房屋。2011 年 12 月，相关研究的新闻报道“在乌克兰发现了用猛犸象骨头建造的尼安德特建筑”（*Neanderthal home made of mammoth bones discovered in Ukraine*）发表于物理学家组织网（Phys.org），http://phys.org/news/2011-12-neanderthal-home-mammoth-bones-ukraine.html。

[5] 尼基塔·齐莫夫和谢尔盖·齐莫夫曾在一篇学术论文中提到，在猛犸象生活的时期，东西伯利亚的物种丰富程度堪比今天的非洲大草原。
参考文献：Zimov S A, Zimov N S, Tikhonov A N, et al. Mammoth steppe: a high-productivity phenomenon[J]. Quaternary Science Reviews, 2012, 57: 26-45. http://www.sciencedirect.com/science/article/pii/S027737

9112003939.

[6] 第一批人类来到西伯利亚的时间根据碳-14年代测定法推断。

参考文献：Pitulko V V, Nikolsky P A, Girya E Y, et al. The Yana RHS site: humans in the Arctic before the last glacial maximum[J]. Science, 2004, 303(5654): 52-56. http://science.sciencemag.org/content/303/5654/52.

[7] 关于猛犸象灭绝的真正原因，定期会有新的学术论文进行阐述和探讨。比如，2015 年 7 月 23 日就有一篇论文发表于《科学》(*Science*)。

参考文献：Cooper A, Turney C, Hughen K A, et al. Abrupt warming events drove Late Pleistocene Holarctic megafaunal turnover[J]. Science, 2015, 349(6248): 602-606. http://science.sciencemag.org/content/349/6248/602.

[8] 贝丝·夏皮罗在一篇学术论文中对猛犸象的灭绝进行过分析和阐述："剩下的猛犸象聚集在北方，随着广阔的泥炭地、潮湿的苔原、桦树灌木丛和针叶林不断扩张，它们在更新世早期消失了。人类与猛犸象在西伯利亚分布区的长时间重叠说明人类可能是导致猛犸象灭绝的辅助因子。猛犸象的灭绝并非由单一因素引起，而是与一系列的气候、栖息地改变和人类出现相关。"

参考文献：MacDonald G M, Beilman D W, Kuzmin Y V, et al. Pattern of extinction of the woolly mammoth in Beringia[J]. Nature communications, 2012, 3: 893. https://www.nature.com/articles/ncomms1881.

另可参见：Mann D H, Groves P, Reanier R E, et al. Life and extinction of megafauna in the ice-age Arctic[J]. Proceedings of the National Academy of Sciences, 2015, 112(46): 14301-14306. http://www.pnas.org/content/112/46/14301.full.

[9] 关于猛犸象的生活年代和金字塔的建造年代是否重叠的问题，存在诸多讨论，我也见过各种答案。个人认为，最后一头猛犸象死于大约 4000 年前，而吉萨金字塔于公元前 2560 年建成。也就是说，吉萨金字塔建成距今约有 4500 年，当时猛犸象已经在大陆绝迹，仅存于北冰洋的一些岛屿上。

参考文献：Vartanyan S L, Arslanov K A, Tertychnaya T V, et al. Radiocarbon Dating Evidence for Mammoths on Wrangel Island, Arctic Ocean, Until 2000 BC 1[J]. Radiocarbon, 1995, 37(1): 1-6. https://journals.uair.arizona.edu/index.php/radiocarbon/article/viewFile/1640/1644.

[10] 猛犸象牙的贸易既公开又隐蔽。每年从西伯利亚输出的猛犸象牙约有60 吨，这一估算数据源于 2013 年《国家地理》（*National Geographic*）杂志上一篇题为“猛犸象和人类”（*Of Mammoths and Men*）的新闻报道，http://ngm.nationalgeographic.com/2013/04/125-mammoth-tusks/larmer-text。该报道包含许多精彩图片，值得一读。.

[11] 贝丝·夏皮罗写过一本关于复活猛犸象可行性的书《如何克隆猛犸象：“去灭绝”的科学》（*How to clone a mammoth: The science of de-extinction*），该书 2015 年由普林斯顿大学出版社（Princeton University Press）出版，其中详细介绍了科学家拼凑古生物遗传物质的过程。

[12] 2015 年，斯德哥尔摩自然历史博物馆提交了猛犸象的完整基因组序列。参考文献：Palkopoulou E, Mallick S, Skoglund P, et al. Complete genomes reveal signatures of demographic and genetic declines in the woolly mammoth[J]. Current Biology, 2015, 25(10): 1395-1400. https://www.sciencedirect.com/science/article/pii/S0960982215004200.

第 2 章

是谁想打造一头猛犸象？

雅库茨克是全世界主要的钻石产地之一，还是萨哈共和国的首府，但旅游景点并不多。萨哈共和国的面积约有瑞典的 7 倍大，然而雅库茨克的常住人口只有不到 30 万。标志性的大广场上矗立着列宁的雕像，目光投向北方，雕像旁边的一座喷泉是黄昏时分少男少女们相约嬉戏的据点。

所有景点中，首屈一指的当属位于市郊的冻土王国[1]。长长的穴道直接探入地下的永冻层，顶部和墙壁都覆盖着 10 厘米厚的冰晶。参观时，所有游客必须穿厚外衣和冬靴。五颜六色的彩灯映照出各色冰雕，扩音器里流淌着古典音乐。你可以在冰酒吧里点上一杯伏特加，也可以品尝一下当地特色菜——冻鱼。它和寿司类似，用刮下的生冻鱼片，佐以切碎的洋葱、橄榄油和大量黑胡椒。这里寒冷，充满魅力，有一种坦然的世俗气。

不过，冻土王国真正令我着迷的，是位于洞穴入口处侧面的一个小房间。导游只懂几句英语，陆续打开几道门后，他用手势示意我进去。墙壁上堆积着雕凿过的冰块，房间内没有彩灯或音

长长的穴道通往永冻层，穴道顶部和墙壁上都覆盖着厚厚的冰晶。随处可见五颜六色的彩灯，扩音器里流淌着古典钢琴曲。穴道内除了各色冰雕外，还陈列有猛犸象和其他动物的牙齿。

在冻土王国的缤纷彩灯之中，矗立着一座栩栩如生的猛犸象模型，象牙是来自考古发掘的真正的猛犸象牙。

保罗·贾敏（Paul Jamin）的作品《猛犸象》（*Le Mammouth*），1885 年。（图片来源：Wikimedia Commons）

乐。一块木托板上，陈列着一只硕大的灰色猛犸象头颅。除了象鼻缺失外，整体皮肤保存完好。眼睛周围满是褶皱，头顶留有一缕深棕色的毛发，耳朵和部分嘴巴也清晰可见[2]。

房间内弥漫着些许腐旧的气息，空气里尘土飞扬，构造略为压抑，但也不至于难以忍受。这轻微的气味提醒着我，面前的这只猛犸象头颅并非来自新鲜的尸体，它已死去2万年之久。两根弧形的象牙从头部伸出，间距的宽度甚至超过了我两臂的伸展范围。再往里走，还陈列有3万年前的长毛犀牛标本，可我的注意力都集中在猛犸象身上。我在狭窄的空间里来回走动，不愿意错过任何观看角度，我用手触摸光滑的象牙，俯身凑近观察它布满褶皱的皮肤。

西伯利亚的科学家会时不时地找到类似的冰冻猛犸象尸体，眼前的这具是一位法国科学家在2002年发现的，也是迄今为止保存得最为完好的成年雄性猛犸象头颅。不过，人们找到的猛犸象幼崽的尸体形态更为完整，看上去就像睡着了一样。最著名的3个分别被命名为卢芭（Lyuba）、热尼亚（Zhenya）和迪玛（Dima），常在世界各地的博物馆巡回展出[3]。置身这个房间中——正如见到猛犸象幼崽标本的照片时——我的脑海里突然闪过这样的念头：克隆猛犸象应该不是件难事吧?

面前的这只猛犸象头颅看起来宛若活物，我当然会想，只要借助一些科学技术手段，肯定能激活其中的某些细胞。

现如今，科学家克隆动物已不足为奇。最常用的方法是从成年动物体内取出细胞核，植入一个卵细胞或胚胎细胞内。细胞核是细胞内包含遗传物质的部分，也是细胞的控制中心，掌握一切动向和发展。细胞在分化成熟后各司其职，比如，表皮细胞不会转变为肌肉细胞。但当成熟细胞的细胞核被植入到去除细胞核的卵子之中后，卵细胞就会发生转化，失去其原有的特质。植入的细胞核会促使卵细胞分裂生长，最终形成一个全新的个体。20 年前，绵羊多莉就是这样被克隆出来的 [4]。这项技术适用于相同物种或近缘物种。或许，科学家可以从保存完好的成年猛犸象体内提取细胞核，再植入活体大象的卵子内？

尝试这项技术的科学家不在少数。他们不断在冰层中寻找保存完好的尸体，希望能发现活的，或者至少是未受损的细胞核。

保存完好的猛犸象头颅，皮肤和毛发清晰可见。沿墙壁堆放着大量冰块，以防止游客参观导致温度过高。

实验室内的多项研究也证实，冰冻数年的细胞解冻后，仍能从中提取出细胞核，并植入其他细胞。

由韩国生物学家黄禹锡（Hwang Woo-suk）带领的猛犸象克隆团队曾广受关注。2013 年，他们发现了一具保存完好的猛犸象尸体，其中甚至渗出类似血液的液体。参与该项目的科学家表示，只需要几十年的时间，人类就可以克隆出第一头猛犸象。

这一计划引起了学界的高度关注。黄禹锡博士于 2004 年发表科学论文，宣称自己成功克隆出 30 个人类胚胎。在此之前，他在学界一直默默无闻。他的论文很快被证实是个骗局，根本没有克隆的胚胎。黄禹锡经历了漫长而复杂的司法调查，几乎身败名裂 [5]。近些年，他重返学界，投身于包括寻找猛犸象等一系列科研活动。猛犸象克隆计划本身及类似流动血液的发现一度反响巨大 [6]，然而此后，黄禹锡博士的团队再也没有公布过任何科研成果。世界上许多遗传学家因此抨击整个计划毫无科学基础，只是一种敛财和出名的手段。

还有一个项目的领头人是日本科学家入谷明（Akira Iritani）教授。他是复苏冷冻细胞方面的专家，并且曾经参与过试验，从冷冻 16 年的小白鼠身上提取细胞，成功进行了克隆。早在 2011 年，他就表示猛犸象应该能在“四五年内”克隆出来 [7]。入谷明教授的团队同样在找寻适合提取细胞的完好尸体。不过，至今仍未听到哪家动物园有毛茸茸的猛犸象幼崽出生的新闻，所以现实情况大概比入谷明教授预计的要严峻。

既然对基因组的分析进展顺利，那么克隆猛犸象的难点究竟在哪里？

我们可以想象对一块肉进行反复冷冻和解冻有什么样的结果。首先，就算在最理想的情况下，要将猛犸象这么庞大的躯体完全冷冻起来，也需要相当长的时间。在此过程中，细胞开始分解，肌肉发生腐烂。假设这头猛犸象在涉水时，腿脚不慎陷入湖底的淤泥，动弹不得，最终溺水。冬季湖面结冰的同时，湖底的冻土也自下而上冻结凝固；随着夏季的来临，冻土部分消融。如此往复多年，整头猛犸象才会完全陷入湖底的沉积物中，被永不消融的永冻层覆盖。就这样，猛犸象的尸体会维持 2 万～ 3 万年的冻结状态，直到被发现并挖掘出来。

可是，冷冻和解冻的循环已经造成了损失。对于一块肉来说，它能放到烤架上的机会极其渺茫。同理，想要从中找到活的或未受损的细胞，可能性也微乎其微[8]。

在细胞死亡并开始分解后，我们仍能提取并组合其中的遗传物质。问题在于，科学家重建的这些基因只存在于电脑程序中。对遗传物质的分析，也就是对 DNA 碎片的复杂排序，依赖电脑完成。但要达到克隆的要求，一个细胞必须具备未受损的完整 DNA 分子链。迄今为止，还没有科学家从猛犸象尸体上找到能够完成克隆任务的细胞。这时，就要借助另一种方法。

科学家已经有能力合成小片段的 DNA，并将其植入细胞内。在美国波士顿度过的阴雨连绵的日子中，我有幸见证了这一技术的可能性。

乔治 · 丘奇是一名遗传学教授，就职于麻省理工学院和哈佛大学合作创办的博德研究所[9]。浓密的白胡子和透着好奇的眼睛使他看上去就像一个高大的圣诞老人。这个没有圆滚滚大肚皮的圣诞老人常常收到孩子们热情洋溢的来信，里面的内容无关愿望或礼物，而是围绕他正在尝试复活的猛犸象。

我采访的另一名科学家曾这样评价乔治：“若不是他预言的所有科学进步都已实现，大家一定会认为他乐观得几近疯狂，无可救药。而且，这些科学进展也大都发生在他自己的实验室内。”

乔治·丘奇曾是绘制人类基因组图谱的科学家之一。几年后，他提出了一种新的方法，能够以更快的速度和更低的成本完成DNA 分析。在复活猛犸象的宏大计划中，乔治目前已经小有所成。

“确切地说，现在还不存在成活的动物，只有培养皿里的细胞。从实验的角度来看，它们仍是经过改造的大象细胞。不过，我们的确已经取得了比较大的进展。”他说。

乔治提到的培养皿存放在实验室尽头的冰箱中。培养皿底部是一层稀薄而透明的红色液体。它看似稀释的血液，实际上是培育细胞的营养液。圆圆的表皮细胞在显微镜下清晰可见。它来自一头亚洲象，但基因组中还携带有复制自猛犸象的部分基因。

“猛犸象和亚洲象属于近缘物种，它们和非洲象的差异则要相对要大一些。因此，亚洲象和非洲象共有的基因，在猛犸象身上也应存在。耐寒能力是个例外。”乔治说。

乔治原先的工作是猛犸象基因组测序，在此过程中，记者针对复活猛犸象在技术上是否可行提出了大量问题。这些问题引起了乔治的思考，在同该领域的几位科学家讨论之后，他决定尝试一番。他和他的同事着手研究猛犸象的遗传物质，试图找到使其在零下 50 摄氏度的环境中得以生存的耐寒基因。

培养皿中存放着乔治·丘奇打造猛犸象的希望——提取自一头亚洲象的表皮细胞，其中携带有来自猛犸象的 14 个基因。

一旦确定了有可能带来耐寒特征的几个基因，下一步就是以人工合成的方式重新构建它们。相当于从数据文件中获取信息，翻译成细胞能够理解并利用的 DNA 序列。

乔治教授的团队所使用技术被称为 CRISPR-Cas9 [10]。从 2012 年开发至今，它为科学家创造了革新的契机，遗传物质得以通过不同方式重建。尝试为遗传物质植入新的基因时，遗传学家面临的一个大问题就是难以精确定位基因植入位置。这意味着，他们必须经历大量失败的尝试，才能最终获得满意的结果。CRISPR-Cas9 就好比一把剪刀，能够精准分割 DNA，同时轻松引导新基因植入正确位置。它能大幅降低失败率，从而显著提高实验效率。

其实，CRISPR-Cas9 的主要用途并非复活灭绝动物，医疗领域也可供它大展拳脚。乔治等一批科学家率先提出，该技术可用于人体细胞。他们希望通过修改人类基因，或是提取、改造干细胞，找到治愈某些疾病的可能。

2015 年春，中国科学家梁普平等在学术期刊《蛋白质与细胞》（*Protein & Cell*）上发表了研究成果，证实此项技术可用于修改人类胚胎的基因 [11]。他们试图借这项技术替换一种严重血液疾病的遗传基因。虽然这项尝试进展得并不如预期顺利，但 CRISPR-Cas9 技术无疑开启了更多可能性。2016 年春，来自英国和斯德哥尔摩卡罗林斯卡医学院的科学家获准利用这项技术，研究早期发育过程中的人类胚胎，前提是任何经过基因编辑的胚胎都不应继续孕育成胎儿。

包括乔治在内的许多科学家都曾探讨过，在尚未深入研究之前，是否应该禁止将这项技术应用于人类。从理论上说，正是有了这种方法，才有可能研发出所谓的“设计婴儿”，这些婴儿可经过基因编辑拥有令父母满意的特征。也正因为这项技术的发明，科学家已经能够涉猎此前完全无法触及的领域。在我撰写这本书的同时，学界正在就如何从伦理规范的角度利用基因编辑技术展开激烈讨论。

且不论基因编辑技术对治愈人类疾病有何深远意义，一个不容忽视的事实是，科学家正是依靠 CRISPR-Cas9，才能将人工合成的猛犸象基因植入亚洲象的细胞。通过一次又一次的基因植入，乔治一步一步将亚洲象的细胞改造为猛犸象的细胞。到目前为止，他和实验室里的其他科学家已经植入了重建的 14 个新基因 [12]。

其中几个新基因能够控制动物的毛发特征。猛犸象拥有卷曲浓密的皮毛，底层毛起保暖作用，外层毛粗硬，用以阻隔污垢和潮湿。我在雅库茨克的猛犸象博物馆看到了好几簇猛犸象的毛发。眼前这只的发色和我的差不多，泛着浅浅的棕红色，其他的都近乎黑色。猛犸象的毛很长，身体两侧的长达 90 厘米，尾巴末端的格外长，夏天的时候，应该能当作驱蝇掸。和其他大多数寒带生物一样，猛犸象在每年春季都会大把大把地掉毛。所有这些特征，乔治都必须找到与之对应的正确基因。

遗传学家正计划修改两对基因，其中一对会为猛犸象带来充足的皮下脂肪，另一对会让耳朵变小。其目的在于，赋予新打造的猛犸象耐寒保暖的能力。谈到这些进程时，乔治仿佛化身圣诞老人，在向未来的猛犸象幼崽分发礼物，用以适应现实世界的种种挑战。

想要确切知道哪些基因对应哪些特征并不是一件容易的事。科学家只能从其他物种的近似基因着手，例如，比较老鼠和狗的遗传物质，探究是哪些基因决定了它们不同的皮毛特征。这在很大程度上依赖于科学猜想 [13]。

经过改造的这些细胞，同样包含能改变大象血液的基因。尽管拥有厚实的皮下脂肪和浓密皮毛，脆弱敏感的象鼻末端和身体其他部分同样需要长期暴露在严寒之中，低温环境会抑制血液的供氧能力。猛犸象血液中的血红蛋白具有一种独特的适应性，而血红蛋白正是红细胞中负责运输氧气的蛋白质。乔治成功再造的这种血红蛋白，是唯一经过实际测试的改造成果。另一组科学家已经证实，以猛犸象的遗传物质为蓝本合成的基因所生成的血红蛋白能够在极寒条件下正常工作。

乔治关于猛犸象基因的实验尚未以学术论文的形式发表。他表示，要等到积累了更多成果后，才会考虑公开。这意味着，在此之前任何人不得对实验或结果发表看法。不过基于乔治曾经取得的突破和科学贡献，即便稍稍心存疑虑，我还是选择相信他。

对于死亡 1 万年之久的基因，科学家已经能够创造出新的变种，这一点着实令人振奋，但要复制出一头能自由奔跑，甚至在雪中嬉戏的完整猛犸象，仍然任重而道远。培养皿中的细胞虽然已经成功分裂和生长，但仍不是干细胞，不能发展成皮肤或毛囊，从而验证最终“复活的物种”是否能长出猛犸象的皮毛。实验的下一步的是通过诱导和培育，使改造后的细胞成为干细胞。干细胞是体内尚未分化的细胞，它存在于胚胎和成年人的骨髓内。将普通细胞转化为干细胞，有赖于一种像 CRISPR-Cas 9 一样具有革命性的全新技术。这一技术在 2006 年一经问世，便迅速成为生物研究领域的常规方法[14]。从那时起，科学家已经利用它从几乎所有动物（包括人类）体内提取出细胞，并转化为干细胞。不过在大象身上，乔治和其他科学家遇到了麻烦。

“到目前为止，我们还没能将它们转化为干细胞。可能是因为大象这种长寿动物天生拥有强大的抗癌机制。由于癌细胞和干细胞存在很多相似之处，因此大象细胞的抗癌基因妨碍了它向干细胞的转化。不过我们会继续努力，直至成功。”乔治说。

缺少干细胞，实验就无法继续进行下去。一旦干细胞转化成功，科学家将利用干细胞培育出不同的身体器官。这一领域的研究在世界各地的实验室正蓬勃发展。如果成功的话，利用人体干细胞就能培育出心脏、肾脏等器官，从而实现自体移植。就猛犸象而言，极为关键的一步是确保新基因的功能良好，进而才能对更多基因进行修改。

当我问起要进行编辑的基因的预估数量时，乔治笑着答道："我不知道需要修改的基因最终有多少，但愿不会是全部。要修改两三万个基因，难度还是很大的。"

只有将培养皿内的细胞成功转化为干细胞，并且测试过所有修改的有效性，科学家才能考虑让细胞继续发育成胚胎，最终变成毛茸茸的猛犸象幼崽。进入这个阶段后，打造猛犸象的工作依然困难重重，具体挑战我会稍后再做描述。因为到目前为止，相关研究已经充满争议，足以引发大众的兴趣和讨论。

如果计划真能成功，科学家培育出的生物到底是猛犸象还是亚洲象？由于它以亚洲象作为模板，体内只含有少量猛犸象的基因，因此不应将其视为曾经存活过的猛犸象的克隆个体。可任何人见到这么一头庞然大物，都会联想到猛犸象。

当我问起乔治，培育出的生物究竟会以何种模样出现时，他的回答似是而非、模棱两可。一方面他承认，这项计划本身具有保护现有象群的意义，因此"复活的生物"将是拥有猛犸象特征的亚洲象。

"确切地说，这关乎我们如何拯救亚洲象。如果说，决定大象耐寒能力的只有少数几个基因，那就意味着，大象的生活范围可以更为宽广。"他解释说。

野生的亚洲象已经被世界自然保护联盟（IUCN）列为濒危物种[15]。和 20 世纪 80 年代相比，它们的数量锐减了一半。濒危原因除了非法盗猎，还有野生亚洲象赖以生存的森林生态遭受破坏，以及农业用地的大肆扩张。乔治认为，解决这一问题的方案是让亚洲象拥有部分猛犸象的特质，从而得以在地广人稀的西伯利亚生存繁衍。但植入了猛犸象基因的亚洲象是否还是亚洲象？乔治的基本观点是：出于生存环境扩大的需求修改个别基因，并不意味着改变亚洲象的物种属性。

他补充说："有些人携带的基因让他们不需要额外的氧气供应，也能登顶珠穆朗玛峰，而绝大多数人无法做到这一点。我们总不能说，因为携带了这些基因，这些人就不属于人类。这种具备耐寒能力的大象依旧可以和其他亚洲象交配，繁衍后代，不存在生殖隔离，从这个意义上说，它们的所属物种并没有改变。之所以帮助它们整体向北迁移，是为了终止如今这种大象和农民争夺土地的局面。我们要做的，是为亚洲象提供一个崭新亦古老的居住环境。"

"再说，亚洲象天生喜欢雪。动物园里的亚洲象用鼻子滚出的雪球有一人多高。它们还像小孩似的，在池塘的冰面上踩出一道道裂痕。虽然亚洲象耐寒的极限也就个把小时，但它们的的确确很享受。"乔治边说边笑起来。

通过基因编辑让亚洲象适应西伯利亚的生存环境，从而达到保护这一物种的目的，针对这一想法的质疑声此起彼伏。其中一条认为，这种做法不能从根本上解决问题。亚洲象生活的森林里，还存在其他大量濒危物种。仅仅转移亚洲象，无异于任由其他物种自生自灭。乔治讲了很多关于如何保护现有象群的措施，我个人认为，这些举措小题大做了些，就好比用一架专门定制的全自动无人机射杀一只蚊子。对工程师而言，设计这样一架无人机肯定充满成就感，但它并非解决问题的有效手段。

现在让我们回到那个模棱两可的问题——新培育出的物种将以何种面貌出现。乔治认为，他所打造出的动物同时也是猛犸象。按照计划，在放归西伯利亚后，它们会承担起1万年前猛犸象在生态系统里扮演的角色。它们会拥有和猛犸象近似的形态，生活在猛犸象曾经居住的地方。乔治希望，它们能激发人们的热情和灵感。手写的信像雪片般飞向这里，众多科学家无偿为项目献策献力，只为能成为其中的一份子。几乎所有人都热爱猛犸象。

"我们之所以这么做，并非出于歉疚，也不想为猛犸象的灭绝赎罪，我们只是从猛犸象身上受到了启发，希望创造出近似的'复制品'。"

在这一项目的多重意义中，乔治寄予最多希望的，是促使人们思考如何利用新的基因技术拯救濒危物种。尽管对未来趋势和物种保护现状忧心忡忡，他仍认为，新的基因技术是一种行之有效的手段。

"我们不仅能阻止物种灭绝，甚至还能逆转衰败之势。这一点非常令人振奋。它关乎新生命的创造，这些新生物在适应现代环境时将更为顺利。"他说。

培养皿里那些小小的、圆圆的细胞将会踏上一段神奇的旅程。虽说最初是以猛犸象的基因作为蓝本，乔治也在考虑，是否有可能赋予这种新生物企鹅或北极熊的特征，以弥补猛犸象的不足。

"说不定我们能打造出一头比原来更好的猛犸象。"他说。

人类可以学会创造新的野生动物。书稿撰写期间，这个念头在我脑海中不断浮现。和乔治的对谈令我有些晕眩，那些对前景的憧憬和毫不掩饰的乐观让人很难把他的话当真，但同时，他超强的行动力和明确的目标却也货真价实。我不由地被他的乐观感染，毕竟，谁不愿意见到一个完满的结局呢？于是我问他是否真的相信猛犸象会重现。

“既然你没有给出任何时间限制，我认为猛犸象重现的可能性非常大。这些年来，实验成本持续降低，而我们的知识储备却在不断增加。我相信在不久的将来，会有一头耐寒的亚洲象诞生。”他说。

不过，当我问及，对他而言，真正重现猛犸象预计耗时多久，乔治的回答有些闪烁其词。

“这很难讲，如果估计要耗费数百年，结果只用 10 年实现了，之前的预估岂不是很蠢？技术发展日新月异，我唯一能肯定的是，猛犸象的重现至少要 5 年时间。”他说。

培养皿中红色液体里的细胞只是一个开始，要摸到毛茸茸的猛犸象幼崽，其间还需要大量的科学突破。不过话说回来，生物领域的创新的确层出不穷，谁都难以全面掌握和预测。在所有我接触过的科学家中——包括对复活灭绝物种计划最为抵制的那些——没有人否定这种可能：乔治终将打造出一头近似猛犸象的动物。不过，有很多人怀疑，这些动物能不能达到足够的数量，得以放归西伯利亚。

注释

[1] 冻土王国没有正式的主页，不过在雅库茨克的官方旅游网站（http://www.yakutiatravel.com/photo-galery/permafrost-kingdom）上，可以找到一系列冰穴的照片。

[2] 关于雅库茨克冻土王国的硕大猛犸象头颅以及它的发现过程，可参考这篇论文：Mol D, Shoshani J, Tikhonov A, et al. The Yukagir Mammoth: brief history, 14C dates, individual age, gender, size, physical and environmental conditions and storage[J]. Scientific Annals, School of Geology, Aristotle University of Thessaloniki, Special Volume, 2006, 98: 299-314. http://geolib.geo.auth.gr/index.php/sasg/article/view/7524/7281.

[3] 以下是三篇关于 3 只猛犸象幼崽的新闻报道，均配有图片。
卢芭："冰雪宝贝"（*Ice Baby*），2009 年 5 月发表于《国家地理》杂志，http://ngm.nationalgeographic.com/2009/05/mammoths/mueller-text；
热尼亚："11 岁的叶夫根尼 · 萨林德在俄罗斯北部发现了 100 年来最大的猛犸象'热尼亚'"（*"Zhenya"Mammoth Find In North Russia, Biggest In 100 Years, Made By 11-Year-Old Evgeny Salinder*），2012 年 10 月发表于《赫芬顿邮报》（*Huffington Post*），http://www.huffingtonpost.com/2012/10/04/zhenya-mammoth-find-russia_n_1940791.html；
迪玛："冰层中的秘密"（*Secrets from the ice*），2012 年 4 月发表于英国广播公司（BBC），http://www.bbc.co.uk/nature/17525074。

[4] 克隆羊多莉出生于 1996 年 7 月 5 日。克隆项目的主要负责人是英国爱丁堡大学罗斯林研究所的伊恩 · 威尔穆特（Ian Wilmut）和基思 · 坎贝尔（Keith Campbell）。
参考文献：Mol D, Shoshani J, Tikhonov A, et al. The Yukagir Mammoth: brief history, 14C dates, individual age, gender, size, physical and environmental conditions and storage[J]. Scientific Annals, School of Geology, Aristotle University of Thessaloniki, Special Volume, 2006, 98: 299-314. http://www.nature.com/nature/journal/v385/n6619/abs/385810a0.html.

[5] 《自然》（*Nature*）杂志报道过黄禹锡学术的丑闻，http://www.nature.com/news/specials/woo-suk-hwang-revisited-1.14521。

[6] 关于寻找猛犸象活细胞存在争议，具体可参见 2012 年 3 月 14 日发表

在网络杂志 *Slate* 上的报道“克隆一头长毛象：有用的科学研究还是虚荣工程？”（*Cloning a Woolly Mammoth: Good Science or Vanity Project?*），http://www.slate.com/blogs/future_tense/2012/03/14/cloning_a_woolly_mammoth_hwang_woo_suk_and_other_scientists_attempt_to_revive_exinct_species_.html。

[7] 入谷明教授曾称，在 2016 年能够成功克隆出猛犸象。相关信息请参见 2011 年 1 月发表于小发明网（Gizmodo）的报道“第一项猛犸象克隆实验正式开展”（*The first mammoth cloning experiment is officially underway*），http://io9.gizmodo.com/5735293/the-first-mammoth-cloning-experiment-is-officially-underway。

另外，2011 年 1 月发表于《每日电讯报》（*The Telegraph*）的报道“猛犸象‘可以在四年内复活’”（*Mammoth “Could Be Reborn in Four Years”*）也曾提及此事，http://www.telegraph.co.uk/news/science/science-news/8257223/Mammoth-could-be-reborn-in-four-years.html。

[8] 关于寻找活细胞的更多讨论和分析，还可以参考 2012 年 6 月发表于英国广播电视公司的报道“我们最终会克隆出猛犸象吗？”（*Will we ever clone a mammoth?*），http://www.bbc.com/future/story/20120601-will-we-ever-clone-a-mammoth。

[9] 乔治·丘奇的实验室主页：http://arep.med.harvard.edu/gmc。

[10] 介绍 CRISPR-Cas9 技术的文章为数不少，关于它对于不同物种的意义，“欢迎来到 CRISPR 动物园”（*Welcome to the CRISPR zoo*）为我们提供了很好的回顾，该文章 2016 年 3 月发表在《自然》新闻主页上，http://www.nature.com/news/welcome-to-the-crispr-zoo-1.19537。

[11] 中国科学家发表研究成果，首度证实了人类胚胎基因修改的可能。

参考文献：Liang P, Xu Y, Zhang X, et al. CRISPR/Cas9-mediated gene editing in human tripronuclear zygotes[J]. Protein & cell, 2015, 6(5): 363-372. http://link.springer.com/article/10.1007%2Fs13238-015-0153-5.

[12] 关于成功将 14 个猛犸象基因植入亚洲象 DNA 的尝试，乔治·丘奇未发表任何学术论文。但在不同的采访中，他曾多次提及并证实此事。相关报道“猛犸象的基因为创造北极象提供了方法”（*Mammoth genomes provide recipe for creating Arctic elephants*）2015 年 5 月发表在《自然》新闻主页上，http://www.nature.com/news/mammoth-genomes-

provide-recipe-for-creating-arctic-elephants-1.17462。基于他之前的成果，我个人选择相信他的口头声明。

[13] 关于猛犸象的哪些基因对应哪些特征，目前存在诸多研究。科学家同样经过实验证明，猛犸象的血红蛋白在低温下存在独特适应性。

参考文献①：Campbell K L, Roberts J E E, Watson L N, et al. Substitutions in woolly mammoth hemoglobin confer biochemical properties adaptive for cold tolerance[J]. Nature genetics, 2010, 42(6): 536. http://www.nature.com/ng/journal/v42/n6/full/ng.574.html.

参考文献②：Römpler H, Rohland N, Lalueza-Fox C, et al. Nuclear gene indicates coat-color polymorphism in mammoths[J]. Science, 2006, 313(5783): 62-62. http://science.sciencemag.org/content/313/5783/62.

参考文献③：Lynch V J, Bedoya-Reina O C, Ratan A, et al. Elephantid genomes reveal the molecular bases of woolly mammoth adaptations to the Arctic[J]. Cell reports, 2015, 12(2): 217-228. http://www.cell.com/cell-reports/abstract/S2211-1247(15)00639-7.

[14] 日本科学家山中伸弥于 2006 年首次将小白鼠的皮肤细胞成功转化为多潜能干细胞。这一技术突破为他赢得了 2012 年的诺贝尔医学奖。

参考文献：Takahashi K, Yamanaka S. Induction of pluripotent stem cells from mouse embryonic and adult fibroblast cultures by defined factors[J]. cell, 2006, 126(4): 663-676. http://www.cell.com/abstract/S0092-8674(06)00976-7.

[15] 世界自然保护联盟对亚洲象的介绍可参见：http://www.iucnredlist.org/details/7140/0。

第 3 章

灭绝物种的春天

如果拥有一台可以回到过去的时光机，但只能回到人类尚未出现的时代和地区，你会选择哪里？

去往欧洲广袤无垠的阔叶林，在第一批欧洲人到来前，追逐大角鹿和原牛奔跑的身影？带上潜水装备，在 5.5 亿年的寒武纪生命大爆发时期观赏繁盛的海洋生物群——如今大多数动物的祖先？穿上附带氧气罐的太空服，回到 30 亿或 40 亿年前，找到地球生命的起点？回到近 3 亿年前，看着第一只四足动物爬过沼泽？试着见证 500 万年前究竟发生过什么，导致人类和黑猩猩的祖先走上不同的进化道路？还是进入 800 万年前的史前森林，一窥恐龙的真容？

如果没有时光机，但你可以在地球漫长历史中灭绝的动物里选择一种复活，你会选哪一种？

乔治 · 丘奇绝对不是个例，正在进行的复活灭绝动物和植物的各类项目就有十余个。这些科学家很容易被视为不切实际的梦想家，或是被认为为了金钱和名利，吹嘘一些根本无法兑现的承诺。踏上此次旅行之初，我的内心仿佛有两个小人在争吵不休，一个是顽固强势、愤世嫉俗的犬儒主义者，一个是睁大了眼睛、充满幻想的十几岁少女。而当我见到乔治，聆听过他的想法，并且目睹了培养皿里的细胞后，犬儒主义者渐渐安静下来。

众所周知，对于某些生物而言，死亡并非永恒。科学家已经成功解冻了冰封3万年的无害病毒，并证实它们仍然具有活性[1]。为此有人担心，全球持续变暖会唤醒某些有害病毒，并导致它们蔓延。一部分科学家从同样沉睡了3万年的种子中成功提取到了冷冻的植物细胞，并且使它们分裂生长，最终培育出绽放漂亮小白花的植株[2]。一种八足的缓步动物门微生物（俗称水熊虫）可以进入冷冻假死状态，在干燥、真空和极寒环境中长期存活[3]。

但上述现象都无法与复活灭绝物种比肩。科学家利用基因技术，使“去灭绝”（de-extinction）成为可能。

“我们就是上帝，我们必须扮好这个角色。”

这是斯图尔特·布兰德（Stewart Brand）早在20世纪60年代就提出的口号。我们约在旧金山一家设有咖啡店的图书馆见面，他头戴鸭舌帽，身穿一件绿色的绗缝夹克。刚过70岁的斯图尔特说话带有独特的美式口音——总要在每个“w”前加上“sh”的音。还没等我喝一口茶，他已经开始滔滔不绝地描绘自己的宏大蓝图。

“我认为，主导21世纪发展的是三个长期、宏观和客观的趋势：一是气候变化，二是城市化，第三个就是生物和生物科技，它们让我联想起二三十年前数字技术发展的迅猛势头。”他说。

斯图尔特喜欢将事物置于一条很长的时间线中进行考量，并希望其他人也能如此。他的人生经历丰富而精彩，很难用一两句话简单概括[4]。20 世纪 60 年代，他是环境保护运动的倡导者之一，之后又涉足早期互联网领域。他还组建了大量不同的组织和公司，策划了一系列运动。近些年，他大力批判自己曾经参与的环境保护运动带有过多的浪漫色彩和教条主义倾向。有趣的是，作为一家非环保企业的环境顾问，他同时也是环保人士批评和指责的对象。

20 世纪 90 年代中期，他建立了名为今日永存基金会（The Long Now Foundation）的组织，旨在引导公众用长远的目光看待我们自身及我们所面临的挑战[5]。对自己那句“人类就是上帝”的口号，他重新进行了阐述：“我们就是上帝，我们必须扮演好这个角色。”换言之，人类作为这个星球的主宰，必须承担起责任，解决气候危机、环境破坏和物种加速灭绝等问题。

这也是他对复活灭绝动物的总体看法。

“保护物种的观念和做法正在发生改变，复活灭绝动物就是一个典型的例子。我们由被动变为主动，并且落实在具体行动上，我们进行大量测试和实验，而不是用老旧的技术保护残存的个体。”他说得慷慨激昂。

如果要举例说，有谁真正将复活灭绝动物的想法付诸实践，其中一定有斯图尔特和他的妻子莱恩·菲兰（Ryan Phelan）——“复苏”（Revive & Restore）组织的联合创始人[6]。围绕该议题，他们于 2013 年召开了第一次学术会议，为该领域内的科学家提供了交流平台。此后，一系列活动和讨论接踵而至。相关的各种实验，有许多已经持续了相当长的时间，斯图尔特和莱恩提出了一个通用的术语——“去灭绝”，从而将它们联系起来[7]。

莱恩和斯图尔特介绍说，“去灭绝”是让生态更丰富、让世界更美好的一种方式。他们谈到被复活的动物将开启人类历史新篇章时，一如乔治·丘奇谈起自己培育的猛犸象细胞，他们热情洋溢的话语很容易给人以希望，让人相信这个世界必将变得更美好。色彩明丽的未来画卷多么诱人啊！

让我们退一步想想，暂且不论某个物种或是整个生态系统，单就动物而言，复活这件事真的可行吗？

答案似乎是肯定的，但事实上这取决于如何定义“复活”这个词。

猛犸象就是个很好的例子，虽然听上去很不真实，但不排除有人能找到完美的猛犸象冷冻细胞，由此克隆出一头毛茸茸的猛犸象幼崽。从基因方面来看，它是 2 万年前那头猛犸象的复制品。由于形成胚胎的卵子由亚洲象提供，因此克隆无法做到一模一样，只不过大多数人还是会将它定义为“猛犸象”。

由基因技术获得一头活体猛犸象可以算是一项不可思议的科学成就，但因为没有可以交配的同类，这头猛犸象无法繁衍后代，因此整个物种的重建依旧困难重重。孤单的猛犸象只能在动物园或实验室度过一生，顶多有几头亚洲象作为玩伴。或者，它也可以选择和亚洲象交配，但生育的小象属于两个不同物种的杂交品种，就好比骡子是马和驴杂交的后代。这头杂交出的小象也许能繁殖后代，也许不能。

如果尝试复活的并非单独个体，而是整个物种的话，科学家就需要采取另一种方法。

乔治计划用波士顿实验室的细胞打造的猛犸象并不是曾经的猛犸象的完全复制品。与其说复活一头灭绝的猛犸象，倒不如说他在尝试创造一头“新”的猛犸象。从理论上说，实验成功的话，他想要造出多少都行。因为他可以从各种不同的大象身上提取细胞，不断重复实验过程。如果他先对从雌象身上提取的细胞进行修改，再对从雄象身上提取的细胞进行修改，结果就会得到两头性别不同的猛犸象。这意味着培育出的猛犸象能够交配和繁衍，从而形成具有一定规模的群体。但实际上，它们并不是“复活的”古代猛犸象，而是一个新物种。

斯图尔特和莱恩名下的组织所进行的其他“去灭绝”项目情况也是一样。科学家想要创造的不是单独的个体，而是一个完整的物种。培育出的动物能够体现出他们所期望的差异是必要前提。但若想赋予它们光明的未来，这些动物还必须达到一定数量，符合放生野外的标准。这些动物是原物种的新版本，或多或少地带有祖先的痕迹。

以灭绝物种为模板的复活计划，很有可能在若干年内实现。乐观主义者认为10年之内即可实现，悲观主义者则认为至少要二三十年。就连持反对意见者也没有否认这种可能。至于“复活计划”何时能成功，科学家还需要做些什么，因物种不同存在差异。在个别情况下，如果可以获得灭绝动物的冷冻细胞，就能通过多种途径实现克隆。但对其他动物来说，只能寄希望于对近缘物种的基因改造。灭绝已久的物种可不会像僵尸那样突然跳出坟墓。早上散步时，要真遇见一头迷路的猛犸象，那场景可真够吓人的。

“我认为这件事得一步一步来做。比如，已灭绝动物的特征，只能一个一个往上加。这其中牵涉到诸多程度上的差异。”斯图尔特说。

基因技术日新月异，成本也在迅速降低。斯图尔特再一次用数字技术的发展进行对比说明。

“现在，这些工作都由研究员操作移液器完成，但机器人迟早会取代他们。到那时，如果让机器人修改 14 个基因，它或许会说：‘怎么才 14 个？不是 140 个吗？要不，把所有基因都修改了好啦！’于是我们说：‘那好吧，全都改！’机器人又说：‘那要产生额外费用。’‘多少钱？’‘4 万美元。’‘哦，那也没有高到离谱，开始修改吧。’”斯图尔特演绎起和未来机器人的对话，自己忍不住笑出声来。

接下来的问题是，当复活计划依靠科技实现，下一步又该何去何从？乔治计划将猛犸象以及其他动物放归西伯利亚。所有科学家都希望复活的物种能够不依赖人类，适应野外生存。（恐龙例外，原因嘛，显而易见。）这意味着，科学家的目标并非打造出一模一样的复制品，而是创造出足够接近灭绝物种的新物种。这些动物不仅能在原始的自然条件中生存，也能适应如今的环境，和现有的物种共存。

放归野外的目标毁誉参半，同时使得这类研究备受争议。大多数的复活物种都属于转基因生物（Genetically Modified Organisms，简称 GMO）。公众如何看待放归转基因野生动物是一个开放性问题。如今，鲜有人质疑药物成分中含有转基因生物，更多人对利用转基因技术培育出的胡萝卜、土豆、玉米和西红柿心有疑虑。

“莱恩在遗传学领域工作多年，她认为，我们永远不应低估大众对基因技术的恐惧。”斯图尔特说。

和他交谈后过了一两个星期，我浏览到一个网页，上面列出了近一百年来灭绝的所有动物的名称及图片[8]。在列表最上方的照片里，有一头拥有金色皮毛、生活于美国东部的美洲狮，这一物种已于2015年宣告灭绝。列表最下方是一张棕灰色猫头鹰的图片。由于它的叫声酷似人类的笑声，因此得名“笑猫头鹰”，学名笑鸮，可惜的是，它们早在1914年就已灭绝。

世界自然保护联盟有一份已灭绝动物列表，从消失于17世纪的原牛开始，共列出了866个物种，另外还有69种被宣告野外灭绝、如今只存在于动物园中的动物[9]。近500年，相继有900种动物灭绝，这一数据并不夸张，尤其是考虑到科学家发现的动物约有150万种之多。世界上究竟有多少种动植物，至今仍没有定论。最近的一次大规模研究指出，这一数字应该超过800万。科学估测的数值则在几百万到5000万之间[10]。

世界自然保护联盟列出的这900种动物不过是冰山一角。我看着一张张照片和里面的动物：犀牛、大型猫科动物、蝙蝠、乌龟、蜗牛、青蛙……深知它们代表的只是实际灭绝的物种中极小的一部分。这些被记录在册的物种须满足两个条件：一个是在消失前得以被记录归档；另一个是可以确凿无疑地肯定，在世界任何角落都已没有存活的个体。

关于从17世纪至今已灭绝的动物物种的确切数量，我们很难做出估算，各种科学估测的结果也存在巨大差异。许多物种在未被人类发现前就已灭绝。除动物以外，还有大量植物、菌类、藻类及其他生物消失于世。

一个物种的灭绝往往显得微不足道。物种灭绝一直在持续，它是进化的重要组成部分，也是生物适应新环境能力的体现。在漫长的演化历程中，并非所有生物都能存活下来。从最初漂浮于海水中的多细胞生物到体格硕大的南美大地懒，曾经生活在地球上的生物，超过 99% 都已消失。

历史中曾发生过几次生物大灭绝。地球在遭遇某场灾难后，生命存活的前提从根本上发生了改变。古生物学家根据从陨石坑里挖掘出的化石推断，在过去的 5 亿年里，地球经历过 5 次生物大灭绝 [11]。距今最久远的一次发生在 4.5 亿年前，导致 70% 的物种消失。当时，地球上的所有生物都生活在海洋里，由于大灭绝的具体经过不得而知，科学家因此提出了诸多猜想。其中一个理论是，不明原因引起地球气温急剧变冷，海平面骤然下降，给海洋生物带来了毁灭性打击。

在 5 次生物大灭绝中，距今最近的一次发生在 6500 万年前。地球遭到小行星撞击，导致 75% 的物种灭绝。除了演化成鸟类的一小部分外，一度称霸世界的恐龙从此消失。

如今，越来越多的科学家认为，人类正在经历第六次生物大灭绝——一场新的全球性灾难，一个变革的新时代。这一次毁灭的始作俑者正是我们自己 [12]。我们导致了物种加速消失，情况甚至比人类出现以前更糟。我们捕猎动物，改变它们的栖居地，从而引发物种灭绝的连锁反应。最近一次科学估测显示，在最近 500 年灭绝的生物中，有超过 10% 是因人为因素灭绝的，大概可占到 13%。其中绝大多数物种消失在美国和欧洲——这也是人类对环境影响最大的地区[13]。

我一页一页翻看过灭绝动物的图片，感觉难以置信。冰冷的数字和美丽的图片在我的脑海中搅成一团，让人难以理清头绪。

这一效应究竟从何时开始，学界仍在讨论。许多科学家坚持认为，起始的时间点可追溯至人类对猛犸象及其他史前动物的猎杀。斯图尔特便是其中之一。

“近1万年来，人类掏空了大自然，现在终于有机会弥补。除了通过各种途径保护现存物种外，我们还可以挽救已经消失的物种。”他说。

在斯图尔特的愿景中，他希望地球的生物多样性（即他所谓的“生物丰度”）不仅仅恢复如初，而且能走得更远。灭绝物种的复活与生存不是终点，这还关乎如何为现存生物创造更好的条件繁衍生息。

“举例来说，我希望海里的鳕鱼能变得和原来一样大。进入非洲国家公园的游客，能看见大草原上各种各样的动物。欧洲曾经是这幅景象，北美也曾如此，甚至连北极都有过多样而富足的生态。这就是我们要重现的世界。”他将美好的愿景向我娓娓道来：21世纪将成为绿色世纪，今天骇人的发展趋势必将被逆转。他所期待的，是历经两个世纪毁坏后的恢复和重建。显然，从20世纪60年代至今，他对环境保护的热情分毫未减。

无论人们如何看待他的绿色愿景，值得一提的是，斯图尔特本人认为，这一愿景并不会阻碍经济发展。与之相反，他越来越强烈地感觉到，人类正在摆脱对自然的依赖，并给予自然更多的空间。他表示，美国和欧洲的森林正在逐步恢复，废弃的荒地上渐渐长起成片的树木。在技术先进的国家和地区，更高效的农业往往意味着所需耕地的减少。斯图尔特非常肯定，尽管不同地区的发展速度不同，但这一趋势将继续。

这是一个充满争议的问题。一些研究证实了斯图尔特的观点，即在全球范围内，人类种植粮食所需的土地正在减少[14]。我们可以理解为，不再用于耕作的土地有望恢复野生的自然原貌。当然，这一切的前提条件是，农业效率不断提高，且效率提高的部分不会被其他因素抵消，包括种植生物燃料或肉禽饲料的作物。其他科学家则认为，目前的情况正朝截然相反的方向发展，世界上的可耕种土地正面临枯竭[15]。

事实上，欧洲、美国和亚洲部分地区的森林已经开始恢复[16]。举两个实例，法国的森林面积已经达到 17 世纪末的水平，印度的森林覆盖率自从 20 世纪 90 年代起一直保持稳步增长。

耕地的减少和森林的恢复带来了另一场类似“去灭绝”的运动——生态系统的复苏和重建。一些组织致力于“野化”欧洲和北美，重现消失的整个野生自然，而不仅限于个别特定的物种。斯图尔特和莱恩名下的组织也不乏类似的理念。在斯图尔特看来，这些因素相互关联、互为因果：新的生物技术、复活灭绝动物的能力、人类对自然依赖性的降低、新的野生自然和充满前景的生物丰度。

在思辨的过程中，斯图尔特曾向我问起瑞典河狸的现状。河狸曾于 19 世纪下半叶在瑞典境内灭绝，20 世纪 20 年代，瑞典从挪威等国重新引入河狸并放归自然，如今已建立起新的种群。

“总的来说很不错。”尽管对他的问题略感困惑，我还是如实说，如今瑞典的河狸数量众多，已经和狍子、驼鹿一样，成为人们狩猎的对象。“太棒了！”他赞叹着，目光炯炯有神。

“我认为，之前因猎杀而消失的动物，在重新引入后形成固定种群，能否再次达到狩猎标准，是衡量此类项目成功与否的重要指标。”他说。

斯图尔特希望，用来复活灭绝物种的基因技术同样能够用于拯救现今的濒危动物，例如，帮助它们避免近亲繁殖或先天性疾病。毫无疑问，实现这一愿望困难重重。它有赖于新技术的开发、新知识的产生以及大众热情的延续。就算在最理想的情况下，所牵涉的方法也很艰深复杂，耗时耗力不说，得到的最好结果也无非是创造出近似灭绝物种的新品种。况且，这些手段并不适用于大部分已灭绝的物种。不过，他对基因技术怀抱着一丝希望，它们或许能为濒临灭绝的物种提供必要的支持，为一小部分已经灭绝的物种带来生机和希望。

斯图尔特所描绘的世界既充满诱惑，又令人恐惧。人类主宰大自然，甚至包括野性和原始的部分。人类在承担责任的同时，也掌控了权力，比如放归新的动物，重建生态系统，出于适应的目的修改动物的基因。这犹如在生物学领域上演一出《星际迷航》，对高科技充满了乌托邦式的幻想。对于他的想法，我很难做出确切评判。

在进行研究和消化这些对话的过程中，我接触到了“乡痛”（Solastalgia）这一术语。这是澳大利亚哲学家格伦·阿尔布雷克特（Glenn Albrecht）提出的概念，形容人们因钟爱的环境发生改变——比如森林、草原和湖泊在人为影响下变得面目全非——而感到悲伤和失落。斯图尔特的愿景同样是对大自然的改造。思及此，我似乎产生了类似“乡痛”的感受。

聆听过这些恢宏远大的计划后，我感到自己需要一个具象的更为清晰的画面，以明确这样的未来究竟意味着什么。

注释

[1] 科学家在西伯利亚发现了 3 万年前的古老病毒。

参考文献：Legendre M, Bartoli J, Shmakova L, et al. Thirty-thousand-year-old distant relative of giant icosahedral DNA viruses with a pandoravirus morphology[J]. Proceedings of the National Academy of Sciences, 2014, 111(11): 4274-4279. https://www.ncbi.nlm.nih.gov/pmc/articles/PMC3964051.

[2] 科学家在西伯利亚同样发现了冰封 3 万年之久的植物细胞。

参考文献：Yashina S, Gubin S, Maksimovich S, et al. Regeneration of whole fertile plants from 30,000-y-old fruit tissue buried in Siberian permafrost[J]. Proceedings of the National Academy of Sciences, 2012, 109(10): 4008-4013. https://www.ncbi.nlm.nih.gov/pmc/articles/PMC3309767.

[3] 水熊虫（缓步动物门微生物）是一种不可思议的动物，它们能够无限制存活下去。百科全书对于该生物的介绍可参看：http://eol.org/pages/3204/overview。

[4] 斯图尔特·布兰德在不同领域的成就可参看：https://www.theguardian.com/books/2013/may/05/stewart-brand-whole-earth-catalog。

[5] 今日永存基金会主页：http://longnow.org。

[6] 复苏组织的主页（http://reviverestore.org）中列有它们组织的所有学术会议的信息，以及它们所资助的所有项目的介绍。

[7] 关于灭绝动物的复活，斯图尔特·布兰德写过很多文章，也发表过很多演讲。

2013 年 2 月发表 TED 演讲“去灭绝的黎明，你们准备好了吗？”（*The*

dawn of de-extinction, are you ready?)，https://www.ted.com/talks/stewart_brand_the_dawn_of_de_extinction_are_you_ready?language=en）；2015 年 4 月在《离线》（*Aeon*）杂志上发表“反思灭绝”（*Rethinking extinction*），https://aeon.co/essays/we-are-not-edging-up-to-a-mass-extinction。

[8] 列有近 100 年来灭绝的所有动物的名称及图片的网站主页：http://www.davidwolfe.com/animals-extinct-in-100-years。

[9] 世界自然保护联盟的濒危物种和已灭绝物种名录可参见：http://www.iucnredlist.org。

[10] 世界上的动植物究竟有多少，至今仍没有定论。但最近一次大规模研究指出，这一数字应该在 870 万左右，上下浮动 130 万。
参考文献：Mora C, Tittensor D P, Adl S, et al. How many species are there on Earth and in the ocean?[J]. PLoS Biology, 2011, 9(8): e1001127. http://journals.plos.org/plosbiology/article?id=10.1371/journal.pbio.1001127.

[11] 五次生物大灭绝的概况请参看：http://www.bbc.co.uk/nature/extinction_events。

[12] 关于之前的生物大灭绝及人类所应为第六次生物大灭绝承担的责任，推荐阅读伊丽莎白 · 科尔伯特（Elizabeth Kolbert）的《大灭绝时代》（*The sixth extinction*），该书出版于 2014 年 2 月，已有中译本。

[13] 这篇文章论述了人类在物种灭绝中应承担的责任：Newbold T, Hudson L N, Hill S L L, et al. Global effects of land use on local terrestrial biodiversity[J]. Nature, 2015, 520(7545): 45-50. http://www.nature.com/nature/journal/v520/n7545/full/nature14324.html.

[14] 若干研究指出，农业用地正在减少。
参考文献①：Ausubel J H, Wernick I K, Waggoner P E. Peak farmland and the prospect for land sparing[J]. PoPulation and develoPment Review, 2013, 38: 221-242. http://phe.rockefeller.edu/docs/PDR.SUPP%20Final%20Paper.pdf.
参考文献②：Villoria N B, Byerlee D, Stevenson J. The effects of agricultural technological progress on deforestation: what do we really know?[J]. Applied Economic Perspectives and Policy, 2014, 36(2): 211-237. http://aepp.oxfordjournals.org/content/36/2/211.short.

[15] 有研究认为，可耕种土地面积减少最终将导致灾难性后果。

参考文献：Koch A, McBratney A, Adams M, et al. Soil security: solving the global soil crisis[J]. Global Policy, 2013, 4(4): 434-441. http://onlinelibrary.wiley.com/doi/10.1111/1758-5899.12096/abstract.

[16] 这篇论文论述了欧洲森林的恢复情况：Kauppi P E, Ausubel J H, Fang J, et al. Returning forests analyzed with the forest identity[J]. Proceedings of the National Academy of Sciences, 2006, 103(46): 17574-17579. http://www.pnas.org/content/103/46/17574.full.

关于美国森林现状的新闻报道“新英格兰森林与野生动物的回归”（*New England sees a return of forests, wildlife*），2013 年 8 月发表于《波士顿环球报》（*Boston globe*），https://www.bostonglobe.com/metro/2013/08/31/new-england-sees-return-forests-and-wildlife/lJRxacvGcHeQDmtZt09WvN/story.html。

第 4 章

翅膀风暴

一只名叫玛莎（Martha）的旅鸽背对着我，栖息在一根树枝上。她侧过脑袋，露出一对亮红色眼睛，颈部羽毛泛出彩虹般的光泽。她全身以棕色为主，不同部位的羽毛呈现出渐变的暖色调。她的尾羽长而尖，身形比普通家鸽更修长一些。她身后的雄性旅鸽更加光鲜亮丽：胸前一簇桃红色绒毛，脖颈一抹耀眼的紫色。不过，对我来说，吸引力更强的反而是玛莎。

玛莎已经死了，她死于 100 多年前。1914 年 9 月 1 日下午 1 点，辛辛那提动物园的工作人员在鸽舍地上发现了她的尸体。玛莎活了 29 岁。她被整个冻在一大块冰块中，运往华盛顿哥伦比亚特区的史密森尼博物院。她的内脏被浸在福尔马林中保存，身体被制作成标本，定格为我所见到的优雅姿势。

“物种灭绝的时间能够精确到小时，这种情况并不多见。”站在我身边的克里斯托弗 · 米伦斯基（Christopher Milensky）是史密森尼博物院鸟类馆的工作人员，他注视着玛莎，这样说道。

玛莎是世界上最后一只旅鸽。她在辛辛那提动物园里孤零零地生活了4年。尽管获得了大量的捐款和资金，动物园还是没能为她找到一个雄性伴侣。一个物种的灭绝以最后个体的死亡为标志，这本不新鲜，玛莎之所以广受关注，是因为50多年前，旅鸽曾是世界上最为常见的鸟类[1][2]。

旅鸽的数量最多达到过多少，如今已不得而知，根据估算，19世纪中期，美国东部的旅鸽在30亿到50亿只之间。相比之下，今天瑞典所有鸟类的总数也仅有7000万只[3]。旅鸽总是成群出现，群体庞大而密集，根据当时的记载，它们飞过时会形成遮天蔽日的奇观，时间可长达3天，鸽粪“如雪片般”从天而降。在它们的繁殖地，粪便会堆积成30厘米高的粪堆。它们将所到之处扫荡一空，一颗不剩地吃光树上的水果和坚果。据说，它们还会轮流站在彼此的背上，以便能吃到田里的谷物。一群旅鸽的数量少则几亿，多则十几亿。在美国，这样的旅鸽群有近10个。

旅鸽是一种四处迁徙的鸟类，不同于其他候鸟，它们并不遵循预设的固定路线飞行。如果曾经到访过某个地方，它们会在接下来的数年刻意避开，直到那些植物从上一次“洗劫”中完全恢复，重新长满果实。因此，谁都无法预判它们的行踪，只有恰好在正确的时间出现在正确的地方，才能狩猎成功。旅鸽先后遭到美国原住民和欧洲殖民者的大规模捕杀。好在鸽群的密度足够大，捕杀从未对种群生存构成过威胁。

“电报和铁路的出现，是对它们的致命打击。”克里斯托弗说。

电报能在第一时间报告鸽群的方位，而铁路能将鸽肉快速运往其他城市，供人们享用。得到准确定位后，捕杀旅鸽就像瓮中捉鳖一样轻松。猎人只需张开巨大的捕鸟网，甚至有记录称，他

约翰·詹姆斯·奥杜邦（John J. Audubon）作品《旅鸽》（*Passenger pigeon*），1824年于宾夕法尼亚。（图片来源：Wikimedia Commons）

世界上最后一只旅鸽玛莎于1914年去世。她被制成填充标本，陈列于华盛顿哥伦比亚特区的史密森尼博物院。

全世界各地的博物馆内，共陈列有数百只旅鸽标本。这只色彩鲜艳的雄性旅鸽现存于隆德大学的动物学博物馆内。

和雌性旅鸽相比，雄性旅鸽的羽毛更为光鲜亮丽。对科学家而言，重现旅鸽之间的性别差异无疑是一大挑战。

路易斯安那州的猎人正在猎杀一群旅鸽。《狩猎和戏剧新闻画刊》(*The Illustrated Shooting and Dramatic News*),1875 年 7 月 2 日。(图片来源:Wikimedia Commons)

们站在山丘上,冲着低空飞过的鸽群挥动手杖,许多旅鸽便被击中应声而落,捕获的旅鸽被放进冰桶储存和运输。有一段时间,旅鸽甚至成为美国市场上最便宜的肉类。

随着鸽群规模骤然下降,开始有人指出,旅鸽正面临消失的危险,应该予以保护。然而,这样的呼声很快被湮没,这不仅由于鸽肉是一部分人重要的经济来源,更主要的原因大概是,人们怎么都无法想象,如此寻常的鸟类居然会成为濒危物种。

直到 19 世纪和 20 世纪之交,因人为因素灭绝的动物并不多,最著名的可能要数渡渡鸟。这是一种生活在毛里求斯的鸟类,属于孤鸽科,在 16 世纪,登岛的船员发现了它们。渡渡鸟的体型比火鸡还要庞大，性情温顺、不知畏惧、行动笨拙、无法飞行，对于途经毛里求斯的商船而言，它们自然而然地成了最受欢迎的补给品。捕捉到的活的渡渡鸟被送往包括伦敦在内的世界各地的动物园。它们的数量急剧减少。人们最后一次见到渡渡鸟应该是在 1662 年，但直到 19 世纪，科学家才真正确认这一物种已经灭绝。之所以会这样，一部分原因是，包括科学家在内的相当一些人，认为渡渡鸟只是传说中的生物，从未在现实生活中出现过，自然也就不存在灭绝一说。渡渡鸟的神秘使它成为艺术和文学领域的宠儿，比如，在《爱丽丝梦游仙境》里，就有一只神奇的渡渡鸟 [4]。

不过说到底，总有人坚信动物不可能灭绝。其中有一部分是宗教原因——上帝创造的物种是不会消失的，大自然始终是稳定和永恒不变的象征。第一个证实动物会灭绝的是法国动物学家乔治 · 居维叶（Georges Cuvier）[5]。他将挖掘到的化石与卡尔 · 冯 · 林奈（Carl von Linné）的分类体系相匹配，并阐述了它们与现有物种之间的近缘关系。在一篇发表于 1796 年的里程碑式的论文中，他证实了乳齿象（猛犸象的近缘物种）的骨头代表着一种不同于现有大象的全新物种。由此可以推断，一些物种已经灭绝。在此之前，化石要么被归为史前大洪水发生之前的未知生物，要么被视为已知生物的变种，现存于其他地方。当时，物种灭绝学说仍未被主流接受。19 世纪末，科学家还相信，仍有猛犸象生活在阿拉斯加的荒野。因此，旅鸽濒危的警告一度被人们当作危言耸听的谣言，似乎也不难理解。

1900 年 3 月 22 日，最后一只野生旅鸽被一名少年用气枪射杀。之后就只剩下各地动物园里人工饲养的几只，而玛莎活到了最后。

“旅鸽是一种能够建立自身生态系统的‘超级鸟’。”本·诺瓦克说：“它们拍打翅膀飞过时，就好像一阵风暴掠过大地，仿若森林大火一般将一切燃烧殆尽。它们成群结队，以遮天蔽日之势迁徙飞翔，已有上万年的历史。若不是人类介入，它们的旅程还将继续下去。”

本·诺瓦克决意让旅鸽重现于世。为了这一目标，他不惜投入毕生的精力[6][7]。

“我们必须正视这一点：物种复活的可能性不亚于太空竞赛。这不仅需要长时间的努力，还有赖于科学和技术上的突破。”他说。

本·诺瓦克才28岁，还相当年轻，看模样像是个典型的加州文艺青年。他蓄着短短的胡子，办公桌上摆满了变形金刚塑料模型。我和他约在圣克鲁兹的实验室见面。圣克鲁兹位于旧金山以南不远处，城市人口基本由文艺青年、嬉皮士和冲浪爱好者构成。当地食品商店出售的，都是本地小公司生产的有机食品。海滩上竖着写有“狗屎不会自动消失”的标志牌，提醒狗主人及时替自家的小可爱清理粪便。

本已经有些厌倦嬉皮士的生活氛围，他开玩笑说，这里兴起了一种新时尚，似乎所有人都怀疑自己有麸质不耐受的问题。唯一能将他和大学里其他年轻科学家区别开来的是，他对鸽子有着巨大的热情。

“我的外公教会了我饲养鸽子，我们亲手给它们喂食。我的梦想是拥有一个堪比丛林的大型鸽舍，其中不乏罕见的异域品种。我可以坐在里面，早上喝喝茶，晚上喝点葡萄酒。”他说。

13 岁的时候，他曾立志复活渡渡鸟，过了几年，他在一本书上看见了已灭绝的旅鸽的图片，转而决定将复活的对象对准旅鸽。

“16 岁的时候，我第一次见到旅鸽的标本，感到异常震撼。”他说，“我一开始认为，‘去灭绝’是重建过去的一种方式，但现在我越来越觉得，复活灭绝物种其实是人类需要承担的责任，帮助自然从枯竭中恢复过来。”他继续说道。

在大多数人看来，旅鸽仿佛风暴一般席卷大地，将沿途扫荡一空，是它们带来的最大问题，但这也正是本希望旅鸽重现于世的最主要原因。

“偶发的森林大火，能够延续森林物种的生存，这是他们必须面临的自然挑战，是进化的重要一环。同样的，美国东部的森林也时不时需要这种带翅膀的风暴。比如，飞掠过的旅鸽会撼动橡树的枝干，使它们生长得更加茁壮，结出更多橡果。”他说。

为了重现旅鸽，本会如何做呢？第一步是利用现存于世界各地博物馆的数百只填充标本，研究旅鸽的遗传物质。他目前的目标是看遍所有的标本，因此当听说隆德大学的动物学博物馆内有两只旅鸽标本时，他兴趣高涨。

他从馆藏的一部分旅鸽标本的足部提取到了研究样本。这些样本来自鸽爪内侧的趾垫，相当于我们手指的指腹。在格林童话《汉塞尔与格莱特》中，糖果屋女巫想知道孩子们是否长得足够胖时，捏的大概就是那里。

与分析活体动物的新鲜细胞相比，从那些在博物馆里灰头土

本·诺瓦克向我们展示的试管内装有提取自填充旅鸽标本的遗传物质。每只旅鸽的遗传物质分管盛放。

填充旅鸽标本内的遗传物质分解迅速，难以分析。科学家继而转向遗传物质保存相对完好的部位——鸽爪内侧的趾垫。

脸躺了100多年的填充标本身上提取遗传物质并进行研究，的确是难上加难。动物一旦死亡，它的DNA分子链就开始断裂成零碎的小块。温度越高、断裂持续的时间越长，分解成的小块也就越零碎。另外，来自细菌、尘螨，以及填充标本体表和体内的单细胞生物的遗传物质，还会和动物本身的遗传物质混杂在一起。况且，为了长久维持标本形态，填充标本需要经过各种化学处理，而这些化学物质往往会导致DNA分子链进一步断裂瓦解。鸽爪内侧趾垫的遗传物质虽也支离破碎，但相对而言保存得更好一些。

本采取的手段和其他科学家整合猛犸象遗传物质的方法一致，利用近缘物种的遗传物质作为模板，整个过程相当于通过逐一比较每块拼板和盒盖上的参考图样，最终完成整幅拼图。本选择了旅鸽现有的近缘物种斑尾鸽进行基因比对，成功构建了旅鸽完整的基因组图谱。

“下一步很有意思——就是找出物种间的区别。”他说。

正如波士顿实验室的乔治尝试将大象改造成猛犸象一样，本的想法是渐进式地将斑尾鸽改造成旅鸽。为了实现这一目标，科学家们首先必须确定旅鸽特有的基因。他们正在寻找的一些基因和形态相关，比如，旅鸽有长长的楔形尾羽，适合快速飞行；还有，旅鸽雄鸟和雌鸟的形态截然不同，而斑尾鸽从外表上完全辨不出雄雌。不过，对于本和从事该项目的其他科学家而言，要打造出完全“正确”的旅鸽，这些还远远不够。

“旅鸽密集群居的行为特征才是实验的关键。如果我们打造出的鸽子无法自发形成密集的鸽群，实验就失败了。”本说。

因此，真正棘手的是找出影响鸽子行为的基因。相较于影响形态的基因研究，影响行为的基因研究仍显单薄。全世界有许多研究团队正在尝试找出特定基因和动物行为之间的联系，但仍处于起步阶段。下一步的问题是，影响小白鼠某一行为的基因，和影响鸟类同样行为的基因，两者之间有没有可能存在相似性？如果有的话，本希望能够找出这些相似点。

“我们无法确定，哪些基因会影响鸽子尾羽的形状、羽毛的颜色，更遑论神经系统和行为了。就算在得到更多研究的人类基因领域，这同样是个超级难题。何况现在的情况要复杂得多。”他说。

本首先要试着找出有效的备选基因，验证它们被修改后的结果。接下来确定能够相互作用的基因组合，从而在斑尾鸽体内进行重建。

“我们从灭绝动物的体内提取基因，植入现有动物体内。从某种程度上说，打造出的是一个全新的物种。”本说。

在确定哪些基因需要修改后，科学家才算是迎来了严峻的挑战——对鸽子的遗传物质进行编辑。就目前来说，修改小白鼠胚胎或大象细胞内的基因相对简单，而对终将孵育成雏鸟的鸟蛋进行操作，则困难重重。你想过吗，鸟蛋里的蛋黄怎么会正好位于蛋白中央，又如何在距离适当的外围形成蛋壳？直到见到本，我才开始认真思考这些问题。

本解释说，不同于在稳定子宫内发育至足月产出的胎儿，鸟的胚胎和形成鸟蛋的物质会在鸟类体内经历类似过山车一样的旅程。亲鸟交配后形成的胚胎，仿佛卵黄内的一粒尘埃，位于鸟妈妈绵长的输卵管末端。接着，它开启了通过蜿蜒曲折通道的旅程，其间，它先是被一层层蛋白包裹住，然后表面覆盖了碳酸钙形成蛋壳，最后脱离母体。

在鸟蛋被产出的那一刻，胚胎内已经含有数千个细胞，意味着雏鸟的形态和行为模式都已定型，基因修改为时已晚。科学家也无法在鸟蛋形成的过程中对鸟妈妈实施手术——剖开它们的身体，取出未成形的鸟蛋，修改基因后再重新安放回去。这样做不仅会破坏鸟蛋，还可能导致鸟妈妈死亡。

这些即将孵出的雏鸟未来也将产下新的鸟蛋，科学家能做的，是对未来的鸟蛋进行修改。在胚胎发育过程中，最终会成为卵子或精子的细胞起先位于胚胎边缘的一个特定区域，而后它在内部移动，分别抵达未来形成睾丸或卵巢的正确位置[8]。这意味着，在鸟蛋产出后的一段短暂时间内，它们仍处于胚胎表面，易于获取。

科学家的计划是，在提取出的生殖细胞内植入旅鸽的基因，再将生殖细胞植回鸟蛋进行孵育。第一批孵育出的雏鸽虽然在形态方面与斑尾鸽无异，但体内产生的却是经过基因修改的卵子或精子。根据本的标准，在其中选出一雌一雄进行交配，孵育出的雏鸽就是旅鸽。

“虽说是从基因方面入手，但我们最终的目标是获得旅鸽的特征。我们想打造的不是某一只特定旅鸽的精确副本，而是能在自然界取代旅鸽角色的鸟类。”他说。

许多科学家已经在其他鸟类身上完成了细胞的提取和再植入，甚至实现了跨物种的基因移植。在人工干预下，母鸡产下的蛋可以孵育出鸭子、鹌鹑或珍珠鸡。但类似的实验还未在鸽子身上尝试过。科学家当时计划于2016年首次在鸽子细胞内进行基因修改，而此工程面临的最大挑战无疑是新技术的开发[9]。

“实验失败意味着我们将永远止步于此。此前对遗传物质的所有研究，对基因片段修改的所有假设，都将变得毫无意义。”本说。

实验一旦成功，第一批孵育的鸽子将携带1个或几个经过编辑的基因。科学家因此得以验证基因编辑产生的影响，进而找出正确的基因组合，打造出一种类似旅鸽的鸟类。

“我们还没想好第一只应该叫什么。实验室老板想用她儿子的名字埃德命名，可我总觉得埃德叫着不够响亮。无论如何，我们肯定不会把第一只叫做玛莎或乔治——玛莎是最后一只雌性旅鸽，乔治是最后一只雄性旅鸽。”本说。

这个项目将持续数年。本希望第一批携带单个编辑基因的雏鸽能在2018年孵育完成，而第一批经过完整基因编辑的旅鸽能在2022年问世——距离项目开始正好10年。不过，就算孵育出基因正确的雏鸽，也并不意味着项目的完成。雏鸽得到妥当的饲养同样重要。

“基因就像是一种设在外围的框架，划定了个体所能达到的极限。而个体最终落在框架内的位置还取决于环境因素。我们赋予它们某种影响行为的正确基因，不代表它们就能表现出这种行为。这就是环境和基因之间相互作用的有趣之处。”他说。

所以，在第一只新旅鸽破壳而出后，仍需几十年的努力才能找到适合它们成长的正确方式，进而逐步帮助它们适应森林环境，最终放归野外。

“我不会再接除此之外的任何大项目，我打算将剩余下的时间投入到旅鸽的复活研究中。”当我问起，提前做好全盘职业规划是否会带来焦虑和压力时，本笑着答道：“我就是这样的人，而这就是我想做的事。能够确定未来的事业感觉还是挺酷的。”他的嘴角漾出一丝笑意。本已经订婚，他打趣说，未婚妻看中的是旅鸽项目可能带来的数百万盈利。这当然是玩笑话，本早已决定不从旅鸽身上挣一分钱，他也希望这个项目能在大学的管理下继续展开。

当讨论转向将新旅鸽放归自然的现实问题时，针对项目的诸多批评和人们对“去灭绝”的不安和担心便开始涌现。本明确表达过自己的看法：经过基因编辑的动物会对自然环境产生有益影响，因此它们应当被放归野外。

“从各方面来说，转基因生物仍然属于新生事物，然而关于转基因生物的讨论却呈现出白热化的趋势。和其他物种保护项目不同的是，我们有能力设计并控制自己创造的新生命。”他说。

从本的角度来看，在复活旅鸽的实验和转基因作物的研发之间，有一个最大的区别，即前者没有任何商业色彩。科学家既不能用旅鸽的基因编辑技术申请专利，又不能从放归自然这件事上谋取利益。

转基因作物在农业中的应用背负着一段毁誉参半的历史。世界上第一例转基因植物于 1983 年在美国培育成功[10]，此前，科学家已经成功修改了细菌和动物的基因。转基因技术广泛应用于各种研究项目，在医药界，大量药物都是利用转基因微生物研制而成[11]。糖尿病患者使用的胰岛素就是一个典型的例子。但直至进入农业领域，转基因技术才表现出在经济方面的巨大影响力。20 世纪 80 年代末，科学家曾开展过一次田间试验，在植入一个来自细菌的基因后，烟草作物能够产生杀死昆虫的毒素，保护植株免受害虫侵袭。这种来自苏云金杆菌（Bt）的基因，至今仍是转基因作物常见的外源基因。以印度出产的棉花为例，其中大部分都携带了这种基因。但随之而来的一个问题是，昆虫已经对 Bt 产生抗体，转基因的抗虫害效果大不如前 [12]。

20 世纪 90 年代初，一小批转基因作物得到允许，被投入商业化种植，包括土豆、烟草、番茄、玉米等。随着商业化应用范围的迅速扩大，如今全球所有的农业产出中，经过基因修改的作物占到了 12%。其中的很多转基因作物都能适应强力除草剂，为杀灭杂草解除了后顾之忧。

转基因作物的快速发展引起了民众的恐慌和指责。科学界普遍达成了一点共识——食用转基因作物不会对人体造成危害 [13]，然而转基因技术的大规模应用会让农民使用更多毒性更强的杀虫剂和除草剂。像孟山都这样的公司会同时出售转基因作物种子以及可配合使用的除草剂。还有研究指出，某些特定的转基因作物会对昆虫造成不利影响。在许多人看来，转基因作物带来的最大风险在于，田地里的农作物不可避免地会与野生品种杂交，从而将修改过的基因扩散到大自然中，而这些都超出了人类的控制范围。

转基因作物带来的另一个敏感问题是专利。一旦研发出新的成果，公司就可以同时申请转基因技术和转基因作物两项专利。这大幅提高了普通农民耕种该作物的成本。孟山都等坐拥大批专利的公司，就因为利用发展中国家贫苦农民的低廉劳动力而备受批评。近些年来，随着许多早期专利的过期，市面上开始出现发明者以外的其他公司生产的转基因作物[14]。

对植株实现基因改造的成功经验也意味着另一种巨大潜能，即研发出占用资源更少、更为环保的农作物。科学家正在尝试为植株植入不同的基因，赋予它们耐旱、耐寒、耐盐碱地等特征，不过这一领域的研究尚未取得长足的发展。种植最为广泛的作物要数“黄金大米”。黄金大米于2000年研制成功，是第一种含有较高营养价值的转基因作物[15]。在以大米为主食的贫困地区，很多儿童往往会因营养不良患上疾病。每年死于维生素A缺乏症的儿童多达60万。黄金大米富含维生素A，刚好能够解决这一问题。即便如此，黄金大米仍然招致众多反转基因人士的谴责。

我和本坐在一起，聊了一会儿转基因的风险和大众的恐惧心理。他希望旅鸽和其他复活物种能够免遭责难，毕竟这些实验没有商业利益的成分。整个项目没有牵涉任何以营利为目的的企业，并且始终以环境保护为首要目标。

“第一批复活灭绝物种项目的成果不会被用来培育宠物或是实验动物，而是重建生态系统。这一点无论对整个社会，还是对我个人而言都很重要。我在想，如果问世的第一批产品不是能抵抗强力除草剂的农作物，而是富含维生素A的大米，大家对转基因生物的看法会不会与现在不一样？”

在和其他人谈到这个项目时，本遇到的另一个问题颇具哲学意味：既然没有像其他物种那样经过自然选择，那么被复活的这些动物会不会是怪物？

“这时，我会请对方掏出手机，翻出自家宠物的照片，特别是小猫小狗。这些宠物并非自然进化的结果，而是人为创造的——经由我们的操纵，它们通过不断的选择性繁殖，最终保留了讨人喜爱的特征。”他说。

根据本的计划，第一批旅鸽孵育成功后，会被立刻移入设在森林里的巨大鸽舍，以便在第一时间适应自然环境。第二步是帮助它们建立种群，在不同地区之间迁徙。旅鸽有一种自然习性——不等雏鸽学会飞行，成年旅鸽就会弃巢而去，这可以稍稍减轻科学家的工作量。

不妨想象一下这个画面：整棵树筑满了鸽巢，鸽巢内只剩孤零零、还没学会飞的雏鸽。它们发出啾啾的叫声，由此建立起友谊的纽带。在飞离巢穴之前，它们会进入科学家所谓的初始集群状态，这也是它们生命之初组起的第一个鸽群。鸽群中的雏鸟会共同学习飞行。

“根据我们的研究，在旅鸽群体中，有一个习性很可能对它们的社会性发展起到决定作用：幼鸽先形成自己的鸽群，等到足够强壮后，再融入成年旅鸽的鸽群。因此，从初始集群状态开始，幼鸽之间的社会关系就非常重要。”本说。

当有成年旅鸽经过时，幼鸽会纷纷扑扇翅膀，融入更大的鸽群之中。为了强化这种行为，本打算训练一群信鸽在固定地点间来回飞行，然后将它们的羽毛涂成旅鸽的颜色，引导它们经过年幼的旅鸽鸽群。在信鸽的带领下，年幼的旅鸽将学习如何迁徙，并且从一开始就经常变换路线，避免形成固定模式。随后，科学家会逐渐将信鸽抽走，由已经熟悉各种迁徙路线的成熟旅鸽带领幼鸽飞行，此后便可代代相传下去。

“能够确定旅鸽的飞行技能、种群特征和迁徙方式都准确无误时，我们就会考虑完全撤掉围网，让它们自由自在地探索世界。”本说。计划归计划，事实上谁都不知道，成年旅鸽的鸽群要达到怎样的规模才能吸引和带领幼鸽，以及繁衍生息。旅鸽是大规模群居的动物，要让通过基因编辑诞生的新旅鸽感到安定和舒适，恐怕需要数千只鸽子作伴才行。

这一项目的最终目标，是形成规模庞大的旅鸽群，时隔多年再次影响和改变森林。本认为，要真正产生生态影响至少需要几十万只旅鸽，甚至几百万、几千万只，具体数目我们现在还无从得知。

“我个人认为，我们的森林完全可以容纳一个 10 亿只旅鸽的种群。森林里既有充足的食物，也有足够的空间。许多树的树龄已经超过一百年，它们记得这些鸟儿，记得它们的爪子攀住枝干的感觉。”他说。

我不禁好奇，一旦旅鸽再次以遮天蔽日之势席卷美国，规模庞大到足以影响森林，如山火肆虐般将果实和作物扫荡一空，摧折枝干，堆积起厚厚的鸽粪，那未来将会是什么样？当旅鸽在自然拥有不容忽视的一席之地时，它们也必然会带来新的问题。

“我们希望这些旅鸽能够有一些令人畏惧的行为，比如像冰雹或山火那样，将部分森林夷为平地。但这些破坏并不会像火灾那样危及生命。这么说吧，比如你的汽车或屋顶上堆了一层鸽粪，清理起来的确很费劲，但也没什么严重的，而类似小区失火这样的问题，可就是另一码事了。”本解释道。

在我看来，本对人们容忍程度的预期未免太过天真。事实上，阻止旅鸽因人为因素再次灭绝，或许是比基因工程难度更大的挑战。对谈期间，本为我描绘了一幅未来可能的画面。

“整个美国可能有 3 亿只鸽子，你往往只会遇到一两只。而旅鸽不一样，它们会形成庞大的鸽群，同时出现在几公顷的范围内。如果你正好经过，会体验到一场翅膀卷起的风暴。而如果你身在别处，就根本感觉不到它们的存在。”他说。

“想象一下，”本继续说道，“2085 年，几千万只旅鸽形成的鸽群落在纽约郊外的森林里。所有人在震惊之余，也会好奇它们会对自然产生怎样的影响。观鸟爱好者和学校师生纷纷赶来一睹究竟。此后的几个月内，在美国其他地方都不会再见到旅鸽的踪影。所有的旅鸽都集中在一小片区域内，等待时机继续迁徙。明年、后年、大后年，它们都不会出现。或许需要 5 年或 10 年，旅鸽才会再次回到一个地方。它们造成的干扰的确强烈，但也短暂。”

“然而我们并不知道，要对生态系统产生力度如此之大的影响，到底需要多少旅鸽。我们必须在人类需求和生态需求之间找到一个平衡点，健康、充满活力的生态系统会给予生活在其中的人们难以想象的回馈。”他说。

我不由得有些神往，能够目睹如此庞大的鸽群，想必极其震撼。或许这样的体验会让人们对大自然心生敬畏和崇拜，一如面对珠穆朗玛峰的雄姿，或近距离接触野生大猩猩，或在挪威海岸边远眺虎鲸。说不定那奇幻的景象会让人们更加宽容，忽略汽车被鸽粪覆盖以及后院被破坏殆尽的现实。

“我们的目标是让人们少考虑一些个人利弊，多从宏观世界的角度思考。与其眼睁睁地看着物种消亡，不如以积极的眼光看待物种复活计划。物种复活的受益者早已超越了物种本身，这项计划对我们的社会和环境意义非凡。”本说。

注释

[1] 大量书籍和文章描写了玛莎的生命及死亡，比如“旅鸽”（*The passenger pigeon*），https://www.si.edu/spotlight/passenger-pigeon；还有2014年9月发表于《史密森尼杂志》（*Smithsonian magazine*）的“最后一只旅鸽‘玛莎’去世一百周年，她的死亡至今发人深省”（*100 Years After Her Death, Martha, the Last Passenger Pigeon, Still Resonates*），https://www.smithsonianmag.com/smithsonianinstitution/100-years-after-death-martha-last-passenger-pigeon-stillresonates-180952445。

[2] 同样还有大量书籍和文章以旅鸽为主题展开，感兴趣的话，可参考乔尔·格林伯格（Joel Greenberg）出版于2014年1月的图书《空中羽流》（*A feathered river across the sky*），http://bloomsbury.com/us/a-feathered-river-across-the-sky-9781620405345。

[3] 关于瑞典鸟类的数量，可参考瑞典鸟类协会（Swedish Ornithological Association）2012年的文章《瑞典鸟类的数量与生存状况》（*Fåglarna i Sverige——antal och förekomst*）。

[4] 关于渡渡鸟的文章和书籍也很多，一篇文章指出，许多欧洲学者根本不相信渡渡鸟曾经存在。
参考文献：Turvey S T, Cheke A S. Dead as a dodo: the fortuitous rise to fame of an extinction icon[J]. Historical Biology, 2008, 20(2): 149-163. http://dodobooks.com/wp-content/uploads/2012/01/TurveyCheke-2008-Dead-as-a-dodo.pdf.

[5] 乔治·居维叶是一名很有意思的动物学家，他的幽默从他关于猛犸象化石的文章《对活体大象与化石大象的记忆》（*Mémoires sur les espèces*

d'éléphants vivants et fossiles）中可见一斑。他于 1796 年宣读该论文后，直到 1800 年才正式发表。

[6] 本 · 诺瓦克的个人主页：https://pgl.soe.ucsc.edu。

[7] 本 · 诺瓦克的 TED 演讲可参见：https://www.youtube.com/watch?v=rUoSjgZCXhc。

[8] 本尝试转化的细胞称为"原始生殖细胞"，科学家已经在鸟类身上开展过多次相关试验。最新一次突破来自苏格兰罗斯林研究所——克隆羊多莉诞生的地方。
参考文献：Nandi S, Whyte J, Taylor L, et al. Cryopreservation of specialized chicken lines using cultured primordial germ cells[J]. Poultry science, 2016, 95(8): 1905-1911. http://ps.oxfordjournals.org/content/early/2016/04/14/ps.pew133.

[9] 对这类细胞进行基因修改的首批研究：Dimitrov L, Pedersen D, Ching K H, et al. Germline gene editing in chickens by efficient CRISPR-mediated homologous recombination in primordial germ cells[J]. PLoS One, 2016, 11(4): e0154303. http://journals.plos.org/plosone/article?id=10.1371/journal.pone.0154303.

[10] 第一株转基因植物是转基因烟草，能够产生杀死昆虫的毒素。
参考文献：Fraley R T, Rogers S G, Horsch R B, et al. Expression of bacterial genes in plant cells[J]. Proceedings of the National Academy of Sciences, 1983, 80(15): 4803-4807. http://www.pnas.org/content/80/15/4803.full.pdf.

[11] 大量药物都是利用转基因微生物生产而成，例如胰岛素。
参考文献①：Leader B, Baca Q J, Golan D E. Protein therapeutics: a summary and pharmacological classification[J]. Nature reviews Drug discovery, 2008, 7(1): 21-39. http://www.nature.com/nrd/journal/v7/n1/full/nrd2399.html.
参考文献②：Walsh G. Therapeutic insulins and their large-scale manufacture[J]. Applied microbiology and biotechnology, 2005, 67(2): 151-159. http://link.springer.com/article/10.1007%2Fs00253-004-1809-x.

[12] 昆虫对 Bt 植株产生了抗体。
参考文献：Tabashnik B E, Brévault T, Carrière Y. Insect resistance to Bt crops: lessons from the first billion acres[J]. Nature biotechnology, 2013, 31(6): 510-521. http://nature.com/nbt/journal/v31/n6/full/nbt.2597.html.

[13] 这篇文章对转基因食物是否会对人类健康产生影响做了信息汇总：Panchin A Y, Tuzhikov A I. Published GMO studies find no evidence of harm when corrected for multiple comparisons[J]. Critical Reviews in Biotechnology, 2017, 37(2): 213-217. http://www.tandfonline.com/doi/pdf/10.3109/07388551.2015.1130684.

[14] 就某些转基因作物专利过期的问题，2015 年 7 月《麻省理工科技评论》（*MIT Technology Review*）上发表了一篇题为"随着转基因作物专利过期，农民开始普遍种植转基因作物"（*As patents expire farmers plant generic gmos*）的报道，https://www.technologyreview.com/s/539746/as-patents-expire-farmers-plant-generic-gmos。

[15] 2000 年，关于黄金大米的首篇学术论文发表。
参考文献：Ye X, Al-Babili S, Klöti A, et al. Engineering the provitamin A (β-carotene) biosynthetic pathway into (carotenoid-free) rice endosperm[J]. Science, 2000, 287(5451): 303-305. http://science.sciencemag.org/content/287/5451/303.

第 5 章

另一种布卡多山羊

2003 年 7 月 13 日，手术室内正在进行一场剖宫产手术。一群身穿蓝色手术服、戴着白色橡胶手套的人围拢在一起，科学家阿尔贝托·费尔南德斯－阿里亚斯（Alberto Fernández-Arias）亲手接生了一个新生命——一只毛发短而密、全身棕灰色的漂亮小羊羔。从她的深色鼻头到短尾巴尖，总长约有 50 厘米，四肢纤细修长，蹄子呈白色。

这是第一例灭绝物种复活案例。这只小羊羔是克隆技术的产物，供体细胞来自死于 3 年前的一头雌山羊——也是世界上最后一头布卡多山羊 [1]。布卡多是西班牙语词“bucardo”的音译，学名是比利牛斯羱羊（Pyrenean Ibex）。

西班牙山区是羱羊的栖息地，与法国接壤的比利牛斯山一带，生活着体型最大的布卡多山羊。因为生有一对长长的弯角，布卡多山羊很早就成了狩猎对象，从 15 世纪的绘画中，就能看到它们健壮的身影。山羊善于爬山，布卡多山羊能够在近乎垂直的岩壁上活动，灵活跃过悬崖间的深渊。捕获难度的增加反而诱发了

理查德 · 莱德克（Richard Lydekker）所著《现在与已灭绝的野牛、野山羊和野绵羊大全》（*Wild oxen, sheep & goats of all lands, living and extinct*）内页插图。约瑟夫 · 沃尔夫（Joseph Wolf）绘于 1898 年。（图片来源：Wikimedia Commons）

人们狩猎的兴趣，早在 18 世纪，布卡多山羊就变得相当罕见了。能够猎到它们无疑会提升猎人的威望。

20 世纪初期，布卡多山羊似乎已经完全绝迹，在此后许多年里，猎人们都不曾发现它们的身影。与此同时，科学家开始对西班牙羱羊产生兴趣，并将它们划分为 4 个亚种，布卡多山羊就是其中一种。另一个亚种，葡萄牙羱羊（又名波图格萨北山羊），早已在 19 世纪末灭绝。比利牛斯山地域辽阔，最终科学家们在西班牙东北部奥尔德萨的偏远地区发现了一小群布卡多山羊。奥尔德萨和佩尔迪多山很快成为一个自然保护区。1913 年，布卡多山羊被正式列入禁止狩猎的濒危物种名单，奥尔德萨的布卡多山羊得以幸存，但数量从未超过 40 头。

阿尔贝托 · 费尔南德斯 – 阿里亚斯第一次崭露头角要追溯到 1989 年。当时他刚刚考取了兽医资格，主攻野生动物和繁殖方向。在实习过程中，他曾救助过大量受伤的动物，从地上跑的熊到天上飞的老鹰，无所不有。作为义务兵役的一部分，他的任务是拯救濒危的布卡多山羊，尝试研发辅助受精和人工受精的方法。当年的一项调查表明，存活的布卡多山羊仅有 6 ～ 14 头。

“起步之初，我们可以说一无所知，而且没想到的是，包括最基础的项目，其实都没人研究过。我们所做的一切都是开创性的、前所未有的。”他告诉我。

他们面临的第一个挑战是捕获动物作为实验对象。对于野生环境中仅存的几只布卡多山羊，阿尔贝托不愿冒伤害它们的风险，于是他决定改用布卡多山羊的近缘物种，一种生活在西班牙南部的羱羊。由于一切从零起步，加上羱羊善于攀爬和跳跃，光是设置安全有效的陷阱就花了好几年。

人们最后一次见到布卡多雄山羊是在 1991 年，当时阿尔贝托的项目已经开展了将近 3 年。随着时间的推移，捕获为数不多的野生个体并辅助繁殖的希望似乎越来越渺茫。阿尔贝托认为，如果能将捕获的雌性个体与近缘物种养在一起，使之杂交，或许能够拯救布卡多山羊。问题在于，这里的山区到底还剩下多少只布卡多雌山羊，谁也不能肯定。

“为了改进方法，我们承受着巨大的压力。每一步的背后都是异常艰辛的付出。”他说。

一旦掌握了捕获布卡多山羊的正确方法，以及没有伤害和逃跑风险的喂养技巧，科学家就可以开始对雌山羊进行激素干预，促进雌山羊排卵。为了最大程度地保护为数不多的几头野生布卡多山羊，科学家们不敢贸然捕捉，仍以来自西班牙南部的近缘羱羊作为实验对象。当时，他们的想法是提取近缘羱羊的成熟卵子，经过人工受精后植入代孕的家山羊体内。这样一来，每一头羱羊的后代将远远超过不加人为干预所能达到的数量。它们只需要继续提供卵子，而不必经历怀孕和哺乳的过程，也不用照顾一群蹦跳撒欢的小羊羔[2]。

听上去有些复杂，实际上上述方法已被应用于许多物种。比如，科学家们希望利用这一方法保护现代绵羊的祖先——被列为易危物种的盘羊。但对于羱羊而言，这一尝试收效甚微，流产和新生个体停止发育的情况时有发生。听阿尔贝托说起这些年来的研究和失败的尝试，以及接连不断夭折的小羊羔，我开始反思关于痛苦的问题：为了拯救或复活一个物种，让动物个体承受痛苦的合理界限在哪里？

阿尔贝托是一位为保护动物和自然奋斗的斗士。他目前是西班牙某地区的自然环境保护负责人。在拯救布卡多山羊的同时，阿尔贝托为保护西班牙的自然环境竭尽全力。这让有关动物承受痛苦的合理界限的问题变得更为复杂。在交谈过程中，我第一次对复活物种所需付出的代价产生了清晰的概念。在之后的调研中，这个问题还将一次次出现。

在阿尔贝托研发新技术的同时，野生布卡多山羊也在一只接一只地消失。等到代孕家山羊终于产下健康的羱羊羊羔时，世界上只剩下了最后一头布卡多山羊。时间指向 20 世纪 90 年代末，一个里程碑式的事件轰动了整个学界。

"克隆羊多莉诞生了。在此之前，我们从没考虑过克隆技术。所有人都觉得这根本行不通。不过，既然有了成功的经验，我们便立刻开始考虑克隆的可能性。"阿尔贝托解释道。

多莉，这只全世界最著名的绵羊于 1996 年 7 月 5 日出生于苏格兰[3]。严格地说，多莉并不是通过克隆技术诞生的第一只动物，她的特别之处在于，其他动物都是由胚胎细胞的细胞核克隆而来，而多莉是第一例用成年动物的体细胞核克隆诞生的动物。科学家从成年绵羊的乳腺细胞中提取出携带有遗传物质的细胞核，植入另一只绵羊提供的卵细胞内，最后产下了毛茸茸的雌性小羊羔多莉。多莉于 1997 年 2 月首次在全世界面前亮相。直到那一时刻，大多数科学家才开始相信克隆并非没有可能。多莉迅速成为各大报纸杂志的封面明星，她让公众见证了克隆技术的可能性，在科学发展史上具有举足轻重的意义。

对阿尔贝托而言，多莉给了他继续努力的希望。

1999 年，西班牙政府决定，捕捉最后一头布卡多山羊，用以提取并保存细胞样本。同一阶段，阿尔贝托正忙于诱捕西班牙为数不多的棕熊，在它们身上安装无线电发射器。

“我晚上在一个地方诱捕棕熊，白天去另一个地方诱捕布卡多山羊。两处国家公园隔着两小时车程，压力真的非常大。”他告诉我。

研究人员在山里设下诱捕布卡多山羊的笼子，体积约有一只集装箱那么大，然后轮流趴在不远处守候，用望远镜观察。1999 年 4 月 20 日，山坡上还残留着一层薄薄的积雪，诱捕笼传出机关关合的声响，最后一头布卡多山羊被捕获了！大家赶紧围拢过去，阿尔贝托拿出自制的吹管和装有麻醉剂的针管。他对准布卡多山羊吹出针管，静待麻醉剂发挥效用，之后走进了笼子。

“我们提取了两处皮肤样本：一处来自左耳耳尖，一处来自左侧肋腹，然后在她脖子上安装了无线电颈圈，并收集了血样。这一切完成后，我们让她静静地躺在笼子里，等待意识渐渐恢复。”

科学家为这头雌性布卡多山羊取名为希里亚（Celia），并将苏醒后的希里亚放归自然。此后，希里亚又活了 10 个月。

“她一直生活在原来的活动范围内。2000 年 1 月，我们监测到无线电颈圈的信号出现异常。一般来说，如果动物的情况一切良好，颈圈会时不时发出滴滴的信号声。一旦出现问题，滴滴声的频率就会加快。我们立刻开始搜寻，后来在一棵倒伏的树下发现了她蜷缩成一团的尸体。”阿尔贝托描述道。

从他的声音里，我能听出他提及此事时的伤心。其间他因哽咽停顿了几次，才勉强控制住自己的情绪。但当我问起具体感受时，他只是摆了摆手，说毕竟希里亚年岁大了，死亡也是迟早的事。随后，阿尔贝托话锋一转，问我想不想知道希里亚这个名字的由来。

“事情的经过是这样的，成功捕获希里亚的第二天，我前往政府部门汇报麻醉和采样事宜，同时接受了一些记者的采访。之前我连续数日留在山区，和当时的女朋友——我现在的太太——已经很久没见过面了。接受采访的时候，她正好陪我坐在一起。所以当记者问起，捕获到的布卡多山羊叫什么名字的时候，我看着她，脱口说出她的名字。第二天报纸上刊登出大标题：‘希里亚采样成功！’不多时，我女朋友的妈妈就打电话给她，说：‘奇了怪了，那头布卡多山羊的名字和你的一样。’当时，我女朋友的妈妈还没见过我，甚至不知道还有我这么一个人。”

布卡多山羊希里亚死于 2000 年 1 月 5 日，此后，她唯一留存于世的活体部分就是科学家冷冻的细胞。于是，阿尔贝托开始着手尝试利用它们再造新的生命。第一步是将冷冻细胞的细胞核转移到普通家山羊的卵子内，让它们发育成早期胚胎。研究人员制造了 1000 多枚这样的胚胎，并将其中的 154 枚植入了作为代孕母体的 44 头家山羊体内。

所有克隆动物的实验都存在一个主要问题：需要多次尝试，经克隆技术处理过的卵子只有极少数能够发育成胎儿。克隆羊多莉就是 277 个胚胎中唯一一个发育成功的。克隆技术再先进、再成熟，卵子发育成健康胎儿的概率仍然很低。当科学家尝试将微小的胚胎植入代孕母体时，他们遇到了第二个问题。为了使胚胎能够在代孕子宫内正常发育，阿尔贝托不得不培育一个新品种——普通家山羊和布卡多山羊近缘种的杂交品种。大量的失败仍然不可避免。采样时，希里亚应该已经超过 10 岁，克隆年长动物的细胞更是难上加难。

这也是乔治·丘奇在打造猛犸象时遇到的最大难题。问题的症结出在作为代孕母体的大象身上。大象的怀孕过程相当复杂，稍有不慎就会诱发早期流产。一头母象平均 4 ～ 5 年才会怀孕一次，怀孕周期长达 600 多天。要看到一头健康的猛犸象幼崽出生，可能需要上百次的实验，这是现实中的亚洲象无法承受的。而且，如果怀孕过程不如预期顺利，作为母体的大象也将面临身体伤害和精神痛苦的双重风险。

鉴于此，乔治决定从根本上避免这一问题。他提出的方案是研发人造子宫。

“在我看来，如果想取得突破性进展，必须在实验室里完成从胚胎到胎儿的转化。这会大幅减轻濒危物种的繁衍压力。我们可以在不打扰现有亚洲象种群的情况下，找出孕育幼崽的替代方法。”他说。

他认为这一想法完全可行。根据计划，人造子宫内会充满模拟羊水的液体，胎儿置身其中，通过人造脐带摄取营养。

“这种方法还没有在哺乳动物身上试验过。以现在的科学水平，我们可以让胚胎在体外发育到某一特定阶段，但达不到足月出生的程度。即使是小白鼠胚胎也不行。我们很可能先用小白鼠做试验，再在大象身上尝试。这一技术需要多久才能发展成熟，现在还很难预测。”他说。

打造人造子宫困难重重，但在乔治口中却似乎异常轻松。事实上，我对人造子宫实现的可能性深表怀疑。胎儿发育是一个极其复杂、伴随着各种未知的过程。大量激素和其他物质必须在适当的时机输送给胎儿，这恐怕仍是科学家未知的范畴。

“事实上，我们还未明确人造子宫的运行机制。你不妨把它想象成一只正在打造的钟表，需要大量精密复杂的手工操作才能准确报时。但在生物学领域，更多的是将素材送入正确的轨道，然后由它们自己整合。举例来说，只要把卵子和精子放入同一根试管，它们就能形成胚胎。我们只需要提供合适的前提条件，而不必深入了解整个流程的细节。其中存在大量未知因素——不仅仅是大象，所有哺乳动物都是如此。这也不错，它意味着我们能在实践中了解一些生物学知识。”他说。

乔治·丘奇显然是一个天生的乐观主义者，可我还有些将信将疑。我认为，他从根本上低估了这件事的复杂程度，不过倒也不妨拭目以待，他的研究在未来几年究竟能进展到哪一步。

到目前为止，人造子宫仍然遥不可及。

在植入了希里亚遗传物质的 44 头家山羊中，只有一头没有流产，顺利度过了整个孕期。对于阿尔贝托而言，10 多年前的那场剖宫产手术场景至今仍历历在目，他从母体内取出小羊羔的那一刻，整个实验室鸦雀无声。

“我一举起她，就立刻意识到有些不对劲：她的呼吸有问题。我们竭尽所能抢救，可她还是夭折了。距离出生大概也就 10 分钟吧，我也不知道确切时间。当时情况太紧张了，大家手忙脚乱，根本没空看时间。”阿尔贝托说着说着，声音又沉重起来。

小羊羔夭折后，他们解剖了尸体，发现她的肺部存在先天缺陷。她一共有 3 个肺，其中第三个肺侵占了大量空间，导致另外两个肺无法呼吸。多出来的肺坚硬而紧密，就像一片肝脏。

“我不知道为什么会这样：是克隆过程中出了问题，还是自然原因导致的畸形？肺部缺陷在山羊群体里的确不算罕见，但也不排除克隆的影响。这真的不好说。”阿尔贝托说。

他试图解释自己当初如何排遣悲伤和失落。

“这其中的每一步都意味着大量的工作和积累，你无法想象我们付出了多少心血，遭遇了多少困难。第一只小羊羔夭折的时候，我满脑子想的都是：这不过是挑战的一部分，下一次我们必须更加努力。”

这是我和阿尔贝托的第一次对话，我们在电话两头聊了好久，远远超出了预期。就在他说到这里时，电话那头突然传来噼里啪啦的声响。

“哎呀！你能过两分钟再打过来吗？我得先处理件急事。”他说。

我再次打过去的时候，他告诉我，因为停电，他必须关掉电脑和办公室里的其他设备。为了节约能源和成本，西班牙政府会在每周五下午 4 点切断所有公有建筑内的电源，直到下周一早晨才能恢复供电。经济危机同样影响到布卡多山羊的克隆计划，2003 年后，项目资金完全耗尽，政府也停止了相关的财政拨款。

“我完全能够理解。国家还存在大量其他的紧迫需求，在‘复活’布卡多山羊这类研究上投入过多资金的确很不人道。”阿尔贝托说。

我所接触到的很多科学家都面临资金短缺的困扰。人们普遍认为，像复活灭绝动物这种开拓性的、博人眼球的项目，应该很容易吸引来大量资助。我第一次听说复活项目时，脑海里构想的画面是：一间宽敞明亮、配备了大批先进设备的实验室和一群满怀热忱、专心致志的科研人员。而现实情况是科研人员空有一腔热忱，却囊中羞涩。

乔治·丘奇只能在从事日常科研之余，将打造猛犸象作为副业，他获得的资助寥寥无几；本·诺瓦克的薪水由斯图尔特·布兰德名下的“复苏”组织支付，而他也是该组织雇佣的唯一一名科学家。他所在实验室的主要任务是分析古老物种的遗传物质，复活旅鸽也只能作为副项目存在。之后我遇到的很多科学家，状况大同小异。这些“复活”项目普遍缺少资金支持。

对于复活灭绝动物的各类项目，社会各界存在诸多批评和争议，焦点之一就是钱。用来保护现有物种的资源已经十分有限，在已经灭绝的物种上投入人力物力显然不太合情理[4]。

西班牙经济危机持续发酵，希里亚的细胞仍然处于冷冻状态，而阿尔贝托也已经开始着手进行别的项目。一两年前，科研人员得到一笔数额不大的经费，用来检测细胞的活力和发育成胚胎的可能性。之后便再无进展，也没有听到任何母体怀孕的消息。

2014 年末至 2015 年初发生的一件事，使整个局面变得更加复杂。属于另一个亚种的几头羱羊逃出了位于法国一侧的比利牛斯山圈养区，并且似乎相当好地适应了野外的生活。此前，科学家也尝试过将羱羊的其他近缘物种引入寒冷荒凉的山区，但都以失败告终，而这些瓣羊似乎顺利度过了异常严酷的寒冬。

“我所有的努力，为的就是让瓣羊重新回归山区。之前的一切迹象表明，只有布卡多山羊才能实现这一点。可如果这些瓣羊也能存活下来，并且继续繁衍生息，整件事就彻底变了。”阿尔贝托说。

他认为，即使这些瓣羊已经具备在山区生存的能力，也不妨碍它们从布卡多山羊的基因中获益。一旦用希里亚的细胞成功克隆出布卡多山羊，这只克隆羊就能和这些瓣羊中的雄性交配，繁衍后代，或许也可以利用克隆羊的细胞和雄性瓣羊的精子进行人工受精。阿尔贝托相信，拥有布卡多山羊基因的瓣羊将获得适应严冬的特性。

经过逾 25 年拯救布卡多山羊的努力后，却发现瓣羊仅靠自身力量就能够重返山区，这让阿尔贝托冷不丁挨了一记闷棍。他还来不及消化这突如其来的新变化。

“我不知道自己该相信什么，又该思考些什么。”

现在，希里亚的标本永久站立在国家公园的游客中心内，她在这里度过了短暂的一生。阿尔贝托不愿前往那里。

“希里亚死后，我就不想再见她了。这种心情，你能理解吗？”

注释

[1] 关于克隆希里亚的首篇学术论文：Folch J, Cocero M J, Chesné P, et al. First birth of an animal from an extinct subspecies (Capra pyrenaica

pyrenaica) by cloning[J]. Theriogenology, 2009, 71(6): 1026-1034. http://www.ncbi.nlm.nih.gov/pubmed/19167744.

[2] 阿尔贝托 2013 年关于布卡多山羊及复活实验的 TED 演讲“首次‘去灭绝’”（*The first De-extinction*）可参见：http://tedxtalks.ted.com/video/The-First-De-extinction-Alberto。

[3] 克隆羊多莉因美国歌手多莉·帕顿（Dolly Parton）得名。
参考文献：Wilmut I, Schnieke A E, McWhir J, et al. Viable offspring derived from fetal and adult mammalian cells[J]. Nature, 1997, 385(6619): 810-813. http://www.nature.com/nature/journal/v385/n6619/abs/385810a0.html.

[4] 复活布卡多山羊的实验同样遭到批评和质疑，比如这篇论文：García-González R, Margalida A. The arguments against cloning the Pyrenean wild goat[J]. Conservation Biology, 2014, 28(6): 1445-1446. http://onlinelibrary.wiley.com/doi/10.1111/cobi.12396/abstract.

第 6 章

最后的北部白犀牛

雌犀牛诺拉（Nola）的某些地方总让我想起我的外婆。在我的印象中，外婆喜欢穿一件款式宽松、颜色鲜艳的开衫，无论走到哪里都有种气定神闲的架势。诺拉体态圆润，甚至有些笨拙，尽管行动缓慢，可步态中隐隐透出尊严和威风。她过着无忧无虑的生活，似乎每一天都一如既往的阳光明媚。她喜欢吃苹果，喜欢有人挠她的背部。不远处还有一头老迈的雄性犀牛，但她总是稳稳地占据上风。毫无疑问，诺拉是这片领地的统治者。

面对失去，人们往往执迷于结局、界限，以及最后的象征。或许正因如此，看到体型硕大的犀牛慢悠悠地晃到饲料槽旁、寻找美味的食物时，我才这般心潮起伏，更甚于往常。在我前往加利福尼亚南部的圣地亚哥野生动物园探访诺拉时，地球上只剩下5 头北部白犀牛。几个月后，数量降到了 4 头。其中有 3 头生活在肯尼亚，包括一头年长的雌性犀牛纳金（Najin），她的父亲苏丹（Sudan）——也是仅存的雄性北部白犀牛，以及纳金的女儿法图（Fatu）。

我在2015年见到诺拉时，她是世界上仅存的4头北部白犀牛之一。同年11月，诺拉去世，北部白犀牛的个体数量仅剩3只。

"有几次听到饲养员说，诺拉已经不再跑动了。可我亲眼见过，在愤怒地驱逐伴侣时，诺拉就像一辆蒸汽机车，冲劲十足。"动物园的新闻官达拉·戴维斯（Darra Davis）在参观期间这样向我介绍。诺拉的伴侣属于另一个亚种——南部白犀牛。他主要以陪伴为主，至于交配繁衍则毫无希望[1]。

尽管诺拉正在享受地咀嚼着苹果，但她所属的物种已经灭绝。她和纳金一样年事已高，无法再繁衍后代。法图虽然只有16岁，但生殖系统似乎有些问题。无论采取辅助受精还是体外人工受精的方式，都不可能有自然受孕的北部白犀牛幼崽了。

2015年11月，我在写这一章内容时得到消息，诺拉由于细菌感染和年老体衰去世，终年41岁，相当于人类女性80岁高龄。2018年3月，就在我修订英文版文稿时，最后一只雄性北部白犀牛苏丹也去世了，世上仅有两头北部白犀牛存活（截至2019年12月，纳金和法图还生活于肯尼亚的奥·佩杰塔自然保护区）。希望在你读到这段时，她们依然活着。

导致北部白犀牛灭绝的罪魁祸首是盗猎，它导致的后果会缓慢显现，但整体趋势难以逆转。1克犀牛角在黑市上的价格甚至能媲美黄金和可卡因。一些犀牛角沦为毫无效用的安慰药剂，另一些则被制成昂贵刀具的刀柄或其他装饰品[2]。

"最本质的问题是，我们是否认为自己对后代负有责任。绝大多数人都认为，我们应该对我们的孩子，以及孩子的孩子负责。但是，至于几万年后的那些后代，恐怕就不是我们的责任了。然而，我们今天的决定所产生的后果，必将影响到遥远的未来。"在距离诺拉生活区数百米远的办公室内，奥利弗·莱德（Oliver Ryder）对我说了这样一席话。奥利弗是动物园遗传学实验室的一名研究员[3][4]。

奥利弗谈到的不仅仅是现实——如今，物种正以惊人的速度灭绝，地球的生物多样性正在日渐丢失——他谈论的还有未来，为了让世界更美好，为了拯救更多物种，我们应该做何决定。奥利弗博士毕业后进入动物园工作，在第一批犀牛运抵这里时，他就深深爱上了这些动物。从那时起，他见证了南部白犀牛的种群成长壮大、恢复生机的历程，而与此同时，诺拉所属的北部白犀牛却在一步步走向消亡。南部白犀牛和北部白犀牛是否属于不同物种，抑或是相同物种下的不同亚种，目前学界对此多有争论。

无论答案是什么，曾经生活在非洲东部和中部的白犀牛的确已经消失了。

“我们必须谈一谈，究竟应当如何定义一个物种的灭绝。严格说来，以最后个体的死亡作为标志不是特别科学。事实上，物种灭绝在此之前已经注定。当一个物种丧失繁衍能力，或当遗传变异无法支持其未来的长期生存时，就会不可避免地走向灭绝。我们并不是一直都清楚灭绝的界限。”奥利弗说。

尽管北部白犀牛实际上已经灭绝，但这并不意味着毫无希望。就在圣地亚哥近郊这片野生动物园内，还存在着另一个截然不同的“动物园”——一个用塑料管封存，浸入液氮之中的动物园[5]。6只巨大的金属贮存桶中保存着上万根试管，内含来自1000多种不同动物的细胞、卵子、精子以及少量胚胎。奥利弗打开其中一只贮存桶，液氮形成的冰冷白雾瞬间涌了出来，他必须戴上紫色的厚橡胶手套以防冻伤，然后缓缓拿出装有12头北部白犀牛细胞的存储容器。

12个相互没有血缘关系的个体足以复活一个物种。利用这12根试管，科学家有望再次见到小坦克一样的犀牛幼崽驰骋在草原上。

相比于浸泡在福尔马林内的尸体，以及陈列在世界各地博物馆中的填充标本，封存于动物园地下室的冷冻细胞最大的特点在于它们仍然具有活性。

“生命就存在于细胞之中。复活动物的每一轮尝试都需要鲜活细胞的参与。许多人盲目执迷于基因部分，但仅靠DNA是无法创造生命的。”奥利弗边说边将试管放回贮存桶，脱下手套。

将这些细胞放入带营养液的培养皿中，它们就会开始生长，并分裂出更多细胞。奥利弗解释说，这一特性使得细胞成为可再生资源，也意味着它们几乎可以无限期保存下去。目前还没有人知道，冷冻细胞的活性究竟能维持多久。但科学家在 1976 年采集第一批样本时冷冻的细胞，至今仍然很有活力。

每一个个体的样本被存放在 8 根试管中，每根试管里约有 1000 万个细胞。大多数情况下，科学家会对动物进行活体采样，但有时候也需要从刚刚死去的动物身上提取细胞。一半的样本保存在野生动物园，另一半样本被送往圣地亚哥市中心。加州气候干燥，时常发生火灾，导致供电中断，这样的保存措施可以有效防止样本彻底被毁。

“无论当时是否是活体取样，目前，99% 的冷冻细胞所属的个体都已死亡。因此这些样本极其珍贵，永远无法取代。”奥利弗说。

这些试管内包含了一些已经灭绝的物种样本。奥利弗提到一种栖息于夏威夷群岛的鸟类——夏威夷蜜旋木雀（又名婆欧里鸟），它体型娇小，一身灰色羽毛，眼睛周围的羽毛则是黑色的，仿佛罩了一只黑面具。科学家已经将它列为极危物种，并且开始考虑对森林里最后的几只进行诱捕。当时人们的想法是，人工饲养或许有助于繁殖，科学家可以在未来的某一天将这些雏鸟放归自然。讨论持续了很久，迟迟没能得出结论，而与此同时，夏威夷蜜旋木雀的数量仍在快速减少，到 2002 年只剩下 3 只。2004 年，科学家在诱捕了最后一只雄鸟后，始终无法找到雌鸟与之交配。这只雄鸟于几个月后死去，尸体被送往奥利弗所在的实验室。

“当时正值圣诞前后，我坐在显微镜前观察细胞的时候，想到这个物种真的已经消失，心里感到一种尖锐而密集的刺痛。我相信，所有相关的科研人员都或多或少受到了影响。”奥利弗说。

奥利弗从 1986 年开始接管冷冻动物园。在世界其他地方也有冷冻基因库项目，而圣地亚哥动物园的冷冻动物细胞样本种类最多。世界上规模最大的冷冻基因库存放的并非动物细胞，而是植物种子。在挪威斯瓦尔巴的一座废弃矿井内，存有 4000 多种植物的种子（2019 年官网数据为 6007），这里的体量足够容纳 450 万种子样本，被称为“世界末日种子库”。与此相比，圣地亚哥动物园冷冻库内的 6 只液氮罐显得有些微不足道，同时任务范围也有待进一步明确。

保存于此的数千物种以哺乳动物为主，另外还包括鸟类、爬行动物和两栖动物。尽管这些样本的丰富多样令人惊叹，但它们其实只代表了现存的极小一部分脊椎动物。举例来说，根据科学家的估算，光是哺乳动物，大到犀牛，小到蝙蝠，七七八八加起来就有 5000 多种，更别说其他种类的动物了。随着越来越多的物种濒危或灭绝，填补冷冻基因库空白样本的机会也越发渺茫。非洲森林象就是一个形势严峻的实例：根据部分科学家的估计，它们会在 10 年内因盗猎灭绝。

“看到新闻里那些死去动物的照片，我的心就像被刀割一样疼。拍照现场的那些人，但凡接受过基础的培训，其实都能为我们采集珍贵的样本。想到这一点我就觉得可惜。有些物种灭绝时可能还来不及留下冷冻细胞。”奥利弗说。

由于从事冷冻细胞项目的缘故，奥利弗对死亡的存在和终结始终保持着清醒的认识。

“建筑陵墓从来都不是我们的目标。我们只是想尽自己所能，将这些物种留存下来。刚起步的时候，我相信谁都没看出其中的潜力。但后来的研究证明，通过皮肤细胞再造活体动物并非天方夜谭。”他说。

这是千禧年最为重大的科学突破之一。2006年，日本科学家山中伸弥宣布，他已经成功从小白鼠身上提取了普通的皮肤细胞并将其转化为干细胞[6]。和体内绝大部分细胞一样，皮肤细胞已经完全分化，功能单一。而干细胞则是一种尚未充分分化的多潜能细胞。长期以来，科学家一直认为细胞分化的过程是不可逆的，而山中伸弥则证明了在某些条件下，完全分化的细胞也可以回到其未分化的原始状态。

诱导多能干细胞技术为医药研究领域带来了巨大希望。从理论上说，这一技术能够利用患者自身的细胞再造器官或修复损伤。这样一来，奥利弗冷库内的皮肤细胞也完全有可能通过生物技术变为全新的动物。

*

珍妮·洛林（Jeanne Loring）天生一副迷人的低沉烟嗓，我们见面时，她的嗓音又因感冒平添了一丝沙哑。她是一名神经生物学教授，同时也是圣地亚哥斯克里普斯研究所再生药物研究中心的负责人。她主要从事医药开发和研究，其中一个重点科研领域是利用干细胞治疗帕金森综合征。和奥利弗共同拯救北部白犀牛算是她的附属研究项目[7]。

“如果我有 100 万美元用于拯救濒危动物，那么应该用来保护它们的栖居地，还是研究它们的遗传学特性？我当然选择前者，保护环境、减少盗猎显然更加重要。但面对北部白犀牛这一即将消失的物种，迫在眉睫的问题只有一个：具体要怎么做才能拯救它们？对此，我们别无选择。”珍妮说。

珍妮和奥利弗是多年的好友，珍妮从事医药研究获得的成果，是否有助于拯救奥利弗冷冻的濒危物种呢？他们就此问题展开过多次讨论，直到 2007 年，答案才变得清晰起来。当时，为了庆祝实验室乔迁新址，珍妮邀请所有员工前往动物园徒步郊游，还组织了一场关于干细胞和濒危物种的小型研讨会。

“那天大家都很开心。回到实验室后，其中一名年轻的科研人员告诉我，她想要尝试将冷冻动物园封存的皮肤细胞转化为干细胞。这件事能不能成，谁都没法保证。当时，类似的逆转实验只在人类和小白鼠身上成功过。”珍妮说，“况且这项技术问世也只有一年。”

奥利弗建议选择的实验对象是犀牛和一种生活在西非极小区域的濒危物种——鬼狒。珍妮介绍说，整个过程相当曲折和复杂，但最终他们还是成功将濒危物种（犀牛和鬼狒）的普通体细胞转化为了干细胞，成了世界上第一个完成此类实验的科研团队[8]。他们以人类干细胞的诱导技术为基础，根据动物的基因构成对操作过程进行了调整。

珍妮希望能利用取自 12 头犀牛的冷冻样本，在未来将普通体细胞全部转化为干细胞。从理论上说，下一步就能够尝试用干细胞培育胚胎，从而克隆出北部白犀牛了。就基本理念而言，这和阿尔贝托的布卡多山羊克隆实验是一致的。

但珍妮的计划还要更进一步。她想要采取一种新的方法，将细胞转化为精子和未受精的卵子。如果成功的话，这将是一个伟大的科研突破。

“不能因为没有先例，就断言这样的尝试必然失败。”她说，“干细胞具有充分的潜能，如果不能据此进行新的创造，的确非常遗憾。”

许多科研团队都在尝试将干细胞转化为卵子或精子（生殖细胞）。一旦成功，这项技术将帮助一部分不孕不育的人群拥有自己的亲生子女。科学家已经成功诱导干细胞形成初级阶段的生殖细胞，在植入小白鼠的睾丸或卵巢后，这些干细胞会继续分化成为精子或卵子。就人类干细胞而言，目前也完成了向生殖细胞转化的第一步。

不过，距离打造出一头新的犀牛，还有很长的路要走，其中的一个重要前提条件是，干细胞需要在实验室内分化成卵子和精子。2016 年春，中国南京医科大学教授沙家豪带领的科研团队在学术期刊《细胞干细胞》（*Cell Stem Cell*）上发表了一篇论文——“胚胎干细胞在体外完成减数分裂，转化为生殖细胞”（*Complete Meiosis from Embryonic Stem Cell-Drived Germ Cell In Vitro*），他们已经在实验室内完成小白鼠干细胞向精子的转化。虽然有研究者因无法复制实验而对此结果提出质疑[9]，但许多迹象表明，该项突破必将很快实现。珍妮希望，届时可以尽快将技术应用于冷冻的犀牛细胞，无论由她还是由其他人主持项目都不要紧。

按照计划，接下来要做的是将精子和卵子以所有可能的排列方式进行结合，从而使得第一代新犀牛的遗传多样性达到最大化。这个方法的一个优点是，来自雄性或雌性的细胞都可以转化成精子或卵子。目前正在讨论的议题，即人类同性伴侣拥有完全属于自己的亲生子女是否可行，也正是基于这一技术。利用体外人工受精培育出的犀牛胚胎将被放入代孕母体。承担代孕任务的雌性来自北部白犀牛的近缘物种——不存在濒危风险的南部白犀牛。

“这项技术最为神奇的地方在于，我们甚至不需要活体动物，只要利用动物生前采样的冷冻细胞即可[10]。”珍妮说。

珍妮告诉我，通过卵子和精子结合形成新个体并非他们的初衷。珍妮和奥利弗之前多次探讨的是，她们的研究成果是否能够帮助濒危物种摆脱关节炎或心脏病的折磨。

她说：“但当如此完美的干细胞诱导成功后，接下来，向生殖细胞的分化就显得顺理成章了[11]。”珍妮同样被犀牛深深吸引，她的办公室里摆满了各种小型犀牛雕像。

“项目开始之初，我不敢说自己对犀牛投入了多少感情，但随着研究的深入，我和它们之间的距离的确被拉近了，并且由衷地萌生出浓厚的兴趣和热情。”她说。

至于第一批北部白犀牛幼崽何时能够诞生，珍妮不愿过多猜测。奥利弗也认为，继续钻研才是重中之重[12]。

“我个人的态度是，我们应该竭尽所能拯救目前的这些濒危物种。在北部白犀牛的问题上，我认为值得放手一试。我们既有素材，也有技术。再说，我也不愿意过早放弃，得出不可行的结论。”奥利弗说。

当时，我站在笼舍前，望着咀嚼美食的诺拉，发自内心地无比赞同他的看法。如果拯救濒危物种属于科学家力所能及的范畴，我当然乐见其成。北部白犀牛这一物种实际上已经灭绝。但从另一个角度来看，它又是一个永远也不会消失的物种。只要液氮罐不出意外，12 头犀牛的样本就依然存在，它们就像是一份对未来的承诺。

与此同时，一个巨大的疑问渐渐在我的脑海中浮现：这会不会是一份无法兑现的承诺？我想到本和他尝试复活的旅鸽。相比于本创造出的旅鸽，由这些细胞孕育而生的犀牛显然更接近它们的祖先。细胞是生命的载体，或许可以这么说，只要细胞还具有活力，动物个体就没有死亡。

但有些东西已经失去，自欺欺人是荒谬的。新的犀牛有可能取代原来的犀牛，但它们绝非完全相同。50 年前奔跑在非洲大陆上的犀牛和生活在 10 万年前的犀牛也必然是不同的。这重要吗？冷冻动物园试图对抗时间的流逝，保留大自然现在的样貌。可问题是，现在的大自然比 1 万年前的更有价值吗？现有的物种难道比 1 万年后的更为珍贵？

此刻，我毫无头绪，但想到诺拉的死，想到有关她和她所属物种的独特性即将消失，我的胃部就痉挛一般紧缩成一团。相比客观的哲学思辨，我有一种更为强烈的主观感受——这一切原本不该发生。

随着交谈的深入，奥利弗透露了自己对冷冻细胞用途的更多考虑。在他看来，冷冻细胞最大的潜力在于遗传拯救方面，它们可以有效地挽救已经濒危或面临濒危的物种。

濒危物种的一个常见问题是留存下来的个体数量太少，因而存在近亲繁殖和遗传缺陷的风险。就算个体数量重新恢复增长，但由于种群瓶颈效应的缘故，该物种实际上已经丧失了大部分的遗传多样性。遗传多样性的重建需要漫长的时间，在那之前，个体很容易受到疾病和其他困扰。

“如今，科学家会人为迁移动物种群，以引进新鲜血液，这就是我们所说的遗传拯救。斯堪的纳维亚半岛的狼群就是一个很好的例子。但对于某些物种来说，冷冻细胞涵盖了仅存的所有个体，是恢复遗传多样性的唯一希望。”奥利弗说。

也许，科学家很快就能从冷冻细胞中克隆出生物个体，或者将其转化为精子和卵子，和现有的动物进行结合。另外，这些冷冻细胞还有其他用途。奥利弗特别提到了加州神鹫。加州神鹫是一种体型庞大，外形类似秃鹫的鸟类，全身长有黑色羽毛，面部皮肤裸露在外，喙呈弯钩状，坚硬粗糙。由于一度濒危，科学家于 1987 年决定捕获仅剩的 22 只野生个体，开始实施圈养育种计划。育种计划进展顺利，大批加州神鹫被重新放归自然。但近些年，人们发现，它们的雏鸟遭遇了一种遗传疾病的困扰，无法顺利破壳而出。利用奥利弗采集的加州神鹫的冷冻样本，科学家可以对这种疾病展开研究，寻找治愈的方法。

“我们采集了现存每一只加州神鹫的细胞样本。这些样本为我们打开了新世界的大门，使保护和拯救濒危物种成为可能。”奥利弗说。

奥利弗解释说，样本中的一些冷冻细胞能够对相当数量的不同物种起到遗传增强作用，包括青蛙、大猩猩、黑足雪貂等。细胞的潜力还在被不断发掘，未来的一些用途甚至连他都无从预测。

“我们的目标是最大程度地保护物种，并利用新技术做到更好。在遗传多样性的研究领域，人类才是未来蓝图的设计师。它不单单是罗列物种这么简单，更重要的是根据实际需要设计生命和自然。我们想要迷你犀牛作为宠物吗？我们想要看起来像老虎的家猫吗？如果可能的话，我们还想让真正的老虎生活在野外吗？我们究竟希望这个世界变成什么样？”他反问道。

但这个问题已经无需假设。近些年来，基因工程高速发展，其中有一项研究就是培育充满异域情调的新宠物。一家公司的主营产品之一，是一种体重小于 15 公斤的转基因小猪。公司计划推出私人定制服务：顾客可以提前选定小猪的皮肤颜色，然后通过对仔猪进行基因编辑满足既定要求。这家公司还希望培育转基因锦鲤，其色彩、图案和花纹都可以根据顾客的要求打造[13]。在亚洲，锦鲤培育是一个能带来数百万利润的产业。一名澳大利亚科学家正在研究犬类基因编辑的可能性，另外，试图培育转基因赛马的也不乏其人[14]。我相信，奥利弗对未来的愿景成为现实不过是时间问题。

他很清楚，利用先进的、开创性的基因技术来复活已经灭绝的物种，这一想法始终存在争议。当我提出，对于复活猛犸象和旅鸽的计划，他个人是否赞同时，奥利弗明显有些回避。

“我们首先要搞清楚的是，究竟为什么要这么做？这不是一个科学问题，而是一个伦理问题。我们要复活已经灭绝的动物吗？怎么定义灭绝的概念？是刚刚灭绝不久，还是已经灭绝了几十年，甚至数千年？这个伦理问题需要进行详细的分析和阐述，并且由全社会共同给出答案。”他说。

“人类已经在用各种方式操纵大自然。”奥利弗说。在我们继续探讨新技术将带来的改变这一话题时，他显得相当疲倦和低落。“人类的所做作为，不仅导致了物种的灭绝，还改变了自然的生态格局。”他举出美国东海岸鳕鱼的例子。“它们并没有灭绝，甚至也达不到濒危的程度，但在捕捞的影响下，鳕鱼的数量不断减少，个头也不断变小，已经无法支撑其在大自然中原有的生态地位。许多海洋生物和陆地生物都面临着相同的情况。地球上的每一寸土地，几乎都经过了人类的改造和影响。”

我对此表示反对。世界上肯定存在未经人为作用的野生大自然吧？我们对地球的影响总有一个限度吧？但奥利弗坚持自己的观点。

“有些人认为，地球上肯定存在伊甸园——一方纯自然的净土，这种想法已经不现实了。从前的经验不再适用。说到底，是我们人类设计了自然。我们的影响力是巨大的，而且越来越具主导性和侵略性。未来的发展，甚至是我们今天难以想象或理解的。”奥利弗说。

在我听来，这个反乌托邦式场景的恐怖程度不亚于乔治·奥威尔（George Orwell）笔下的《1984》或苏珊·柯林斯（Suzanne Collins）虚构的《饥饿游戏》（*The Hunger Games*）。这绝不是我想要生活的世界。

但奥利弗同样看到了未来的潜力。他说，我们必须仔细思考自己所扮演的角色，以及作为大自然的管理者应该如何行使职责。从积极的方面说，我们能借用巨大的影响力改造自然，使世界更美好。

“我们是生物多样性的破坏者，是物种灭绝的始作俑者。但我们同样可以成为自然界里有意识恢复物种多样性的第一个物种。”提到冷冻动物园可能发挥的作用，奥利弗充满期待。

“如果能妥善保管和维护冷冻细胞，就有可能实现目标。我们不妨从一个更为长远的角度看待这个问题：生物进化所导致的物种消失和诞生，过程往往极其短促。现如今，我们正在经历第六次生物大灭绝，许多物种由于人为因素就此消失。但如果我们现在开始有计划地收集并保存细胞样本，或许就能增加地球上的物种数量，并保护原本可能灭绝的物种。今日我们仍在大肆破坏周边环境，但利用冷冻细胞样本，我们也许终有一天能够重新丰富物种多样性。”他说。

奥利弗的愿景很像远在旧金山的斯图尔特·布兰德憧憬中的蓝图——在那个世界中，生物资源极度丰富，富有智慧和责任心的人类自愿充当大自然的守护者。这个梦想让人联想起《星际迷航》里那个热爱和平、崇尚探索精神的世界。虽然这幅画面极具诱惑力，可其中的某种因素却让我隐隐感到不安。这一切看来，未免太过简单了。

注释

[1] 白犀牛的拉丁学名为 Ceratoherium Simum。白犀牛有两个亚种——北部白犀牛和南部白犀牛。瑞典语里，白犀牛被翻译成方吻犀。最为大众接受的解释是，英文中的“白犀牛”来自错误的翻译，白犀牛

的最初名称“wyd muil”（wide rhino）意为扁平的上唇，但被英国人错译成了“白色”（white rhino）。有兴趣了解更多相关信息的话，推荐阅读这篇文章：Rookmaaker K. Why the name of the white rhinoceros is not appropriate[J]. Kees Pachyderm, 2003, 34: 88-93. http://www.rhinoresourcecenter.com/pdf_files/117/1175858144.pdf.

[2] 盗猎现象及白犀牛的高昂价值可参考 2015 年 5 月发表于《我太喜欢科学了》（*I fucking love science*）的报道“哪样最有价值：黄金、可卡因还是犀牛角？”（*Which Is Most Valuable: Gold, Cocaine Or Rhino Horn?*），http://www.iflscience.com/plants-and-animals/which-most-valuable-gold-cocaine-or-rhino-horn。

[3] 奥利弗·莱德写过一篇关于复活灭绝物种的文章——《设计物种多样性的命运》（*Designing the destiny of biological diversity*），http://www.humansandnature.org/conservation-extinction-oliver-ryder。

[4] 奥利弗·莱德 2013 年 4 月的 TED 演讲“基因拯救和生物多样性库”（*Genetic rescue and biodiversity banking*）可参见：https://www.youtube.com/watch?v=EVzhs1WjzGg。

[5] 圣地亚哥冷冻动物园主页：http://institute.sandiegozoo.org/resources/frozen-zoo®。

[6] 干细胞——见第二章参考书目

[7] 珍妮·洛林的实验室主页：http://www.scripps.edu/loring。

[8] 成功转化白犀牛干细胞的学术论文：Ben-Nun I F, Montague S C, Houck M L, et al. Generation of induced pluripotent stem cells from mammalian endangered species[M]. Cell Reprogramming, 2015, 1330 101-109. http://link.springer.com/protocol/10.1007/978-1-4939-2848-4_10.

[9] 中国科研团队宣布，他们已经在实验室内完成了小白鼠干细胞向精子的转化。

参考文献：Zhou Q, Wang M, Yuan Y, et al. Complete meiosis from embryonic stem cell-derived germ cells in vitro[J]. Cell stem cell, 2016, 18(3): 330-340. http://www.cell.com/cell-stem-cell/abstract/S1934-5909(16)00018-7.

针对该研究的批评可参见：http://www.nature.com/news/researchers-claim-to-have-made-artificial-mouse-sperm-in-a-dish-1.19453.

[10] 科学家利用冷冻 20 年的精子，成功为一只濒危动物人工受精。

参考文献：Howard J G, Lynch C, Santymire R M, et al. Recovery of gene diversity using long-term cryopreserved spermatozoa and artificial insemination in the endangered black-footed ferret[J]. Animal Conservation, 2016, 19(2): 102-111. http://onlinelibrary.wiley.com/doi/10.1111/acv.12229/abstract

[11] 对于诱导人类干细胞转化为卵子和精子的可行性综述可参见：https://www.nature.com/articles/nrm3945。

[12] 珍妮和奥利弗对白犀牛未来研究方向展望的学术论文：Saragusty J, Diecke S, Drukker M, et al. Rewinding the process of mammalian extinction[J]. Zoo biology, 2016, 35(4): 280-292. http://onlinelibrary.wiley.com/doi/10.1002/zoo.21284/abstract.

[13] 计划销售转基因猪和转基因锦鲤的公司为华大基因公司。具体可参见2015年9月发表在《自然》新闻主页上的报道“中国公司计划销售转基因微型小猪”（*Gene-edited ‘micropigs’ to be sold as pets at Chinese institute*），https://www.nature.com/news/gene-edited-micropigs-to-be-sold-as-pets-at-chinese-institute-1.18448。

[14] “欢迎来到CRISPR动物园”（*Welcome to the CRISPR zoo*）综述了利用CRISPR技术“创造”转基因宠物的尝试，该文章2016年3月发表在《自然》新闻主页上，http://www.nature.com/news/welcome-to-the-crispr-zoo-1.19537。

第7章

“这件事没那么简单”

“许多拯救濒危物种的生物学家认为，复活灭绝物种纯粹是科技性资源浪费。对于现有的物种，我们尚且做不到保护和珍惜，复活已经灭绝的物种完全不切实际。我个人认为，这种观点过于武断和幼稚。”

菲尔·塞登（Phil Seddon）操着一口绵软的新西兰口音的英语，但整个对话始终贯穿着传统的英式幽默。他的专业领域是生物再引入（introduction biology），即将物种迁徙到新的环境中，以达到拯救和延续生命的目的，或将动物园的动物放归大自然，实现野放。除了自身的科研工作外，菲尔·塞登还为世界自然保护联盟起草了相关指南，对未来科学家复活已灭绝物种并放归自然的计划提出了指导意见[1]。

“我认为，让被‘复活’的物种回归自然会成为现实。对于我们这些致力于拯救濒危物种的人而言，面对争议积极发声是很有必要的。围绕技术发展和应用的议题，目前已经开辟出可以自由探讨的土壤。我们必须抓住这一契机，努力实现优势最大化和风险最小化。”他说。

我所接触过的尝试复活灭绝物种的科学家，无不希望自己创造的生物最终能够放归自然。乔治·丘奇不仅希望培育出一头猛犸象，以证明这一设想的可行性，还希望能在西伯利亚的冻原上再现成百上千头猛犸象自由奔跑的场景。本·诺瓦克希望将旅鸽放归森林，他坚信旅鸽的存在不仅对环境大有裨益，也有助于其他物种繁衍生息。

斯图尔特·布兰德不仅以此为目标，雄心勃勃地勾勒了一幅宏伟蓝图，更将此视为一次契机，用以弥补人类对地球造成的伤害。除了保护和拯救现有的物种，复活和重现已经消失的物种，更是人类应承担的道德责任。

但是，活跃在拯救濒危生物一线的那些生物学家，对此的态度远不如斯图尔特期待的那般积极和热情。

“我说不好。保护生物学领域的科学家都不认可‘去灭绝’的想法，这对于那些积极研发新技术的遗传学家而言，很可能是一种打击。从表面上看，‘去灭绝’是我们终将实现的一个梦想，然而事实并没有那么简单。”菲尔说。

在动物被放归自然直至能够完全独立生存的过程中，存在诸多可能的风险。最关键也最明显的问题是，新生的动物可能根本无法存活。科学家为濒危动物开辟或建立新的栖居地而后却以失败告终的例子不胜枚举。原因之一在于那些动物缺乏基本的生存技能，比如，无法顺利觅食或躲避猛兽的猎捕。如果在乔治·丘奇的实验室里真能诞生一头毛茸茸的猛犸象幼崽，那它生来就没有妈妈，也就无从学习如何扒开厚厚的积雪找寻冻草，在雪暴来临前向哪个方向撤退，如何摆脱钻进鼻子的恼人蚊蝇。猛犸象世代相传的常识和技能，它只能靠自己摸索。

正是出于这个原因，本·诺瓦克制定了周密的计划，希望由训练有素的信鸽引导新生的旅鸽进行飞行和迁徙练习。人们很容易忽略的一点是，动物的许多行为并非出于本能，而是学习的结果。在实验室出生的动物必须依靠学习，才能掌握生存技能。在动物园出生的幼崽也一样，尽管它们有爸爸妈妈，但圈养的生活环境和野外仍然有很大的区别。就同一个物种而言，圈养的往往性情更为温顺，并且在方方面面都有所改变，因此圈养的动物未必能回归野外。从狼到狗的进化仅仅迈出了一小步，但对于一部分犬种而言，就算被重新放归自然，它们也很难变成狼了。

不过，生物学家放归自然的动物中，也不乏成功存活繁衍的例子。与此同时，人类的知识和经验也在不断积累。例如，生物学家能够利用外形酷似成鸟的人造假鸟喂养雏鸟，使之不致过分依赖人类。在瑞典，鸟类学家通过人工饲养和放归自然相结合的方式，成功拯救了一度濒危的游隼。

有时，在所有希望似乎都已破灭的时候，会出现意想不到的转机。

菲尔·塞登提到了查岛鸲鹟，一种生活在新西兰以东查塔姆岛上的黑色小鸟。1980 年，它们的个体数量只剩下 5 只。科学家决定对它们进行诱捕和保护。5 只小鸟中，只有 1 只是能够产卵的雌鸟，于是科学家让它专注于产卵，由其他 4 只承担孵化的任务。孵化出的雏鸟羽翼日渐丰满，繁殖出了更多后代。科学家将雏鸟分批放归自然，如今，查塔姆岛上已经有大约 250 只查岛鸲鹟，这样的数量足以使它们脱离“极危物种”的行列。尽管它们都是同一只雌鸟的后代，但似乎并未表现出致命的遗传问题。

如果某一灭绝物种成功复活——以旅鸽为例，即使它们能够适应美国东北部的森林环境，并且成功表现出密集群居的行为特征，这也并不意味着问题的解决，而是恰恰相反。我们之前谈到的问题都是物种复活中的困难，却没有提及物种复活后可能面临的生态危机。澳大利亚的各类入侵物种或许是体现了负面效应的典型代表。如此说来，人们应该如何在风险和机遇中找到平衡呢?

我请菲尔举几个具体的例子，复活灭绝物种的设想中，哪些是正面、积极的，哪些是负面、消极的?

“人们应该有一个基本概念，复活灭绝物种本身就是一个糟糕消极的想法。我认为大家需要思考两个简单的问题。第一，我们真的需要这么做吗？第二，能不能找到一个现存物种替代灭绝物种，发挥其在生态学中的作用？只有确定该物种的确有存在的需要，且具备不可替代性，我们才应进一步考虑复活的可能[2]。同时，我们也必须清楚了解其中涉及的风险和不确定性。”他说。

“要知道，最重要的一点是，”他说，“新打造的物种并不是一个复制品，它不可能精准地还原已经灭绝的物种。就连克隆动物都做不到完全一样，比如由生长环境造就的行为特征。对于经过基因编辑的物种而言，这种差异就更加明显了。就拿猛犸象和旅鸽来说吧，它们的绝大多数特征都来自作为模板的近缘物种，即亚洲象和斑尾鸽。它们的行为将由三方面因素共同作用决定：近缘物种的遗传物质、灭绝物种的基因和成长环境。所有这些因素使得我们更加难以预测它们放归自然后的情况。”

“在这类项目中，你永远无法确定，新生的物种会对自然产生怎样的影响。许多研究入侵物种的生物学家对所谓的复活计划十分排斥，因为他们目睹了太多新物种引发的问题。”他说。

还有一个因素，使新打造的物种放归自然这件事变得更有趣，同时也更麻烦。许多科学家投身复活计划的目的，不仅仅是再现已经灭绝的动物或植物，而是让新的物种影响和改变大自然。本试图复活的旅鸽就是一个典型的例子。在他的愿景中，成群结队的旅鸽仿佛一场卷土重来的雹暴，将大力撼动美国的森林。

在菲尔看来，这一点实现起来困难重重，而且后果难以预料。此外，人类将不复存在的自然现象想象得过于浪漫，甚至渲染上一层怀旧的玫瑰色，这也让菲尔产生了强烈的危机感。

“这些重建生态系统的项目，往往基于一个出发点，即在过去的某一时间点，一切都很和谐，大自然达到了完美的平衡。这让人们产生一种错觉，认为只要重建生态系统，大自然就会变得更好。可事实是，地球环境每时每刻都在发生变化，大自然永远不会静止。”他说。

利用现存物种替代灭绝物种的方法，生物学家已在着手尝试。实验的前提条件是，该灭绝物种非常重要，它的缺失会导致当地生态系统面临崩溃的风险。并且，现存的另一物种能够填补这一空白，代为发挥作用[3]。

生活在印度洋群岛上的象龟就是一个成功的范例。在这里，几乎每一座岛屿都有一种象龟的本地亚种，由于地域的隔离，这些亚种逐渐进化出了显著的差异。它们以地面青草为食，久而久之促使栖居地演化出一种自然矮化的植被,被称为龟草皮(tortoise turf)。许多岛上的象龟都由于人为因素消失了。象龟能够在没有水和食物的情况下长期存活，因此成了水手们的目标。水手们活捉象龟之后，会将它们放入船舱内的储藏柜中，航海途中补给短缺时，它们就变成了补给品。同时，远洋轮船的停靠造成岛上老鼠肆虐，象龟蛋不幸沦为老鼠的美餐。

象龟亚种的灭绝引发了一系列后果，以龟草皮为代表的大量有赖于象龟生长的植被萎缩消失了，杂草的蔓延对岛上原有的生态环境造成了破坏和威胁。这样的悲剧一次次地发生，从一个岛波及另一个岛。现在，科学家开始将尚存的象龟亚种向象龟灭绝的岛上转移，龟草皮也随之重新生长繁茂起来[4]。

“用一个象龟亚种替代另一个近似的亚种听上去似乎不是什么大事。可对于生物学家来说，以这种方式迁移物种需要格外谨慎，因为历史上不乏失败的先例。”菲尔说，“那些热衷于拯救物种的生物学家倾向于认为，人类的影响越少，大自然就会变得越好。”

菲尔的观点是，只有彻底解决目前的争议和危机，我们才能认真考虑物种复活的可行性。此外，还需要反复评估风险、权衡利弊。

“就我目前了解的情况而言，利用现存物种进行替代无疑是最好的方法。”菲尔总结道。

复活灭绝物种牵涉到一个更深层的哲学问题，即人类的自我欺骗。我们在潜意识里相信，用这种方式可以挽回已经失去的一切。

“谁都不会认为，冷冻人类细胞就等于保存了整个人类。”记者莫拉·奥康纳（Maura O’Connor）在接受《连线》（*Wired*）杂志采访时这样表示[5]。她曾写过一本关于拯救当今濒危物种的书，旗帜鲜明地批评说，在保护濒危物种所处的自然环境和生态系统方面，仍然缺乏大量的人力和物力，而我们却将精力和财力过度投入到保存遗传物质或冷冻细胞上[6]。

我之前曾经对过度关注遗传物质的问题提出质疑，我读过的一些评论文章，以及我接触过的部分学者都明确表示，遗传物质并不代表生物个体，人也是同样。就算克隆出另一个自己，他成长于另一个家庭、另一个环境、另一个年代，也会变成完全不同的一个人。重新将一个物种引入生态系统，就好比将一块旧拼板放入新的拼图中。与之共生共存的，是在它灭绝期间历经进化演变的其他物种。它或许能承担起原先的角色，或许能扮演一个全新的角色，又或许根本没有发挥的空间。结论还是古希腊哲学家赫拉克利特那句经典名言：人不能两次踏进同一条河流。世界和自然都在不断变化。

过分关注物种个体和基因难免陷入“一叶障目，不见泰山”的局限。我们很容易在脑海中形成刻板的印象——穿白色实验服、擅长和精密仪器打交道的科学家终将出现，扭转局势。至于复活物种所需的栖居地这类具体问题，还有涉及政治、经济、社会等领域的抽象问题，则不在考虑之列。科学家就像漫画里的英雄人物，和现实生活完全脱节。

正如我之前提到的，乔治·丘奇认为，自己的努力不仅仅是重现猛犸象的一种尝试，同时也将赋予亚洲象一线生机。亚洲象携带的新基因会表现为新的特征，使它们得以在新的栖居地繁衍生息，免受狩猎和森林砍伐的威胁。“但选择这条路，”菲尔说，“从某种意义上讲，意味着放弃了保护现有大象的努力。如果大象目前的栖居地不复存在，那么大批其他物种也会跟着消失。”

接下来菲尔又说，这并不代表应该叫停复活项目，或是阻止遗传学家打造猛犸象。他清醒而悲哀地意识到，如今这些拯救濒危物种的尝试都存在巨大问题，因而常常以失败告终。凭借目前的技术，生物学家无法应对眼前的危机，这正是现实的另一面。

“普通大众或许并不清楚，我们的的确确正在输掉拯救濒危物种的战争。”菲尔说。

他解释说，长期以来，拯救物种和生态系统都遵循着尽量减少影响和干预的理念，大力保护现存部分，同时谨慎进行新的尝试，以期恢复自然的原有面貌。然而，这一方式已无法奏效。目前的情势十分严峻，世界的变化日新月异，有些甚至可以用翻天覆地形容，因此，建立国家公园或自然保护区这类传统模式已经无法满足需求。我们的关注点仍然局限在阻止物种个体灭绝的层面，但结果往往不尽如人意。在大量失败的尝试中，偶尔才会出现少数几个成功的范例。

“我们一直都在忙着救火，谁都顾不上，也想不到要冷静下来，退一步进行思考：‘我们究竟在做什么？我们要达到什么目标？’”他说。

他希望，复活物种引发的热度能够成为一个契机，鼓励普通大众积极参与保护现有濒危物种的行动。

“很长一段时间以来，我们一直在向人们灌输一个理念——

地球上的物种正在灭绝！我们正面临前所未有的危机！我觉得，普通大众已经听得有些厌倦了。他们或许会想：‘天哪，这个问题怎么还没解决！’我们必须寻求新的方式赢得大众的支持。持续发布负面消息效果并不好。从这个意义上说，复活灭绝动物的尝试或许能给人们带来新的希望。”菲尔说。

关于复活灭绝动物的讨论带来了一定的积极效应，拯救物种的生物学家被迫开始更全面地思考问题，比如，他们目前采用的方法是否有提升的空间，他们最终要达到的目标具体是什么。遗传学家的努力催生了大量新技术的发展，这些新技术同样能够应用于拯救濒危物种。

“我认为，这能激发包括我在内的研究者的奇思妙想，或者这么说吧，这本来就是讨论的意义。”菲尔露出一个略带讽刺的微笑，“复活项目听起来的确像是一种技术性修复处理（techno-fix），但没必要仅凭这一点就全盘否定。”他继续说，“我相信它的存在总有其意义。”

*

新奥尔良的奥杜邦自然研究所有一个毗邻实验室的放养区，里面有数只母猫。身穿白色实验服、戴着蓝色医用手套的科研人员会时不时走进来，捉住其中一只放上手术台。科研人员会对母猫进行麻醉，用穿刺针从它的卵巢中小心地取出卵子。母猫还未苏醒，这些卵子已经被送往一间专门的实验室，它们的细胞核会被提取出来，然后植入其他的细胞核，成为克隆体。

奥杜邦自然研究所内的ACRES实验室专门负责克隆各种猫科动物[7]。他们将普通家猫作为代孕和捐卵的母体，以帮助那些濒危和罕见的物种繁衍后代。他们已经成功克隆出非洲野猫，并且证明，两只克隆猫交配后，能够生育出健康的幼崽。克隆技术并不复杂，研究人员需要先从一个物种（比如非洲野猫）体内提取出包含遗传物质的细胞核，植入另一个物种（比如家猫）的卵细胞，再将卵细胞发育出的胚胎植入代孕母猫的子宫，这样就完成了克隆[8]。

弥合近缘物种之间的差距是克隆技术面临的棘手问题。阿尔贝托·费尔南德斯－阿里亚斯在尝试克隆布卡多山羊希里亚的漫长过程中，也面临着同样的挑战。在全世界，现今已有许多濒危物种被克隆出来，然而到目前为止，有碍于克隆技术的局限性，很多克隆动物长大后都无法被放归自然。非洲野猫和普通家猫属于理想的近缘物种，因此克隆过程进展顺利。然而，要克隆猫科动物的其他亚种，科学家还必须拓展新的技术。实验室中的科研人员曾以非洲南部的黑足猫作为实验对象，进行过同样的克隆项目，结果却以失败告终[9]。

遗传学家玛莎·戈麦斯（Martha Gomez）是这一项目的负责人。她在许多采访中表示，该项目的目标是保护和留存濒危猫科物种。科学家们主要使用了两种方法：通过克隆技术，或是使卵子在母体外受精后，再将试管培育出的胚胎植入代孕家猫的体内。实验室进行的多例繁育猫科动物亚种的尝试都已取得成功。

然而，到目前为止，在实验室出生的这些猫科动物还没有被成功放归自然的先例。实现野外放生的条件还远远不够完备。其中，最为首要的是技术有待进一步完善。尽管科学家们在克隆技术领域已有20多年的研究经验，但仍存在相当大的提升空间。在众多濒危物种中，一小部分已经成功实现了克隆，包括摩弗伦羊、印度野牛和爪哇野牛[10]。但成功的代价是大量的资源消耗，以及克隆动物早夭的风险。对玛莎·戈麦斯和她的研究团队而言，平均每40个卵子中，只有一个能孕育出健康的幼崽。至于失败率为何如此之高，以及细胞培育的过程中究竟哪里出了问题，这些还都是未知。

鉴于克隆技术引发的诸多问题，越来越多的科学家提出了质疑——在保护濒危物种方面，克隆技术真的能发挥无可比拟的作用吗[11]？与此同时，克隆领域的科学家当然希望能找出改进技术的方法，以解决问题、弥补缺陷。对于北部白犀牛这类物种来说，研发新技术恐怕是拯救它们的唯一途径。

“面对一个物种，什么时候应该放弃拯救它们的希望？我不知道。或许我们永远不该放弃，必须尝试每一种可能的途径。我们可以利用这一技术，拯救之前失去的物种。”当我询问菲尔对克隆濒危物种的看法时，他给出了这样的答案。这让我联想到救助早产儿技术的日臻完善。

如之前所说，不同领域的生物学家之间不可避免地存在观点上的冲突。相当一部分科学家认为，利用基因技术拯救或重现物种，无异于时间和资源的浪费。复活灭绝生物的想法不仅受到了他们的强烈批评和反对，甚至引发了一些厌恶和抵制情绪。质疑的声浪一波接着一波——既然复活物种如此轻而易举，我们为何还要花大力气保护濒危动物？

虽然存在争论，但从本质上说，大家的根本目标是相同的。无论是乔治·丘奇这样的遗传学家，还是斯图尔特·布兰德这样的梦想家，甚至包括菲尔·塞登这样的保护生物学家，所有关心这个问题的人追求的都是同一个目标——物种灭绝数量最小化，物种多样性最大化。他们代表了所有致力于改善生态环境的环保主义者。

大家的冲突重点并不在于物种是否应该得到保护，或是按照优先级决定受保护的顺序，而在于如何将保护物种这件事尽力做到最好。在了解过各方的批评和质疑，以及争论过程中针锋相对的观点之后，我越发感觉到，这种冲突更像是文化的碰撞。

遗传学家凭借研发的最新技术，有些冒失地闯入了他们知之甚少的研究领域，欢欣鼓舞地将成果公之于众，高呼：快往这儿看！它能解决你们的问题！保护生物学家则略显懵懂和迟钝，无法紧跟基因技术日新月异的发展，因此并不清楚它们将会带来的机遇和可能。在他们看来，遗传学家为复杂问题提供了迅速直接的解决方案，但这种方案缺乏深入思考，且不够实际。他们或许还认为，对于拯救和保护物种的实际困难，遗传学家缺乏基本的尊重。在我这个局外人看来，大家目前最需要的，是心平气和地坐下来，认真倾听对方的想法。

我见到珍妮·洛林时，她已经成功地将北部白犀牛的皮肤细胞转化为干细胞。我不免好奇，保护生物学领域的科研人员对她们的项目成果会作何反应。

“他们很紧张。这我完全理解。保护生物学领域的科研经费一直很匮乏，他们的关注点始终放在保护自然环境方面，难免会对这种高科技型解决方案感到不适应。我感觉，他们目前还无法真正信任我们，或许需要很长时间，才能让他们接受这种解决方法。”她说。

菲尔的分析和我的差不多。他看到的问题是，以复活灭绝物种为己任，研发先进基因技术的遗传学家，和为了保护物种、长期进行田野考察的生物学家，两者之间缺乏沟通和交流。他们无从确切了解对方的工作进展，也不清楚彼此面临的问题。值得欣慰的是，这样的状况正在改善。

“针对这一现状，‘复苏’组织的联合创始人斯图尔特·布兰德和莱恩·菲兰组织了一次专门的会议，为双方创造了见面和讨论的机会。我个人认为，与会的大多数学者都很受启发。在我的同行看来，围绕物种保护的话题，双方的精彩讨论将激发出全新的创意和理念。”他说。

这些讨论关乎利用基因技术研发出用以保护濒危动物的新工具和方法。基因工程或许能起到扭转态势的决定性作用，彻底改变物种拯救问题的现状。目前新技术研发的一个方向，是帮助那些遇到瓶颈效应的物种更好地生存繁衍，克服近亲繁殖和遗传学疾病的困扰。

我在圣地亚哥见到奥利弗·莱德时，他也向我表达了同样的想法。

“提高遗传多样性必将成为一个令人瞩目的全新的研究方向。”菲尔说。

这项研究主要会用到奥利弗·莱德及其他冷冻基因库所保存的冷冻细胞，也不排除采纳其他来源以丰富遗传多样性。比如，对博物馆中的填充动物标本的基因构成进行分析，以便更好地理解和补充关于现存物种的知识。当然，这些个体数量不足以形成一个新的种群，但如果它们能提供一小部分全新的遗传物质，为生态系统注入新鲜血液，则有可能会大幅降低濒危动物面临的风险。

“这听起来的确像某种高科技娱乐产物，但我们不应该因此无视它的存在。我们承担不了这样的风险。我认为无论如何，现在发生的一切都会对物种保护起到至关重要的作用。”菲尔继续说道。

近10年来，技术的突飞猛进甚至让遗传学领域的科研人员感到震惊。尽管具有实践价值的知识尚未走出实验室大门，但菲尔坚信，它们终有一天会在大自然中发挥作用。

“如今的发展趋势给人们带来了惊喜，同时也让人恐惧。这真是一个有趣的时代。”菲尔总结道。

注释

[1] 菲尔·塞登的个人主页：http://www.otago.ac.nz/zoology/staff/otago008934.html。

[2] 菲尔·塞登关于如何选择灭绝物种进行复活，所发表的学术论文：Seddon P J, Moehrenschlager A, Ewen J. Reintroducing resurrected species: selecting DeExtinction candidates[J]. Trends in Ecology & Evolution, 2014, 29(3): 140-147. http://www.cell.com/trends/ecology-evolution/fulltext/S0169-5347(14)00021-4.

[3] 关于物种拯救的学术论文：Whiteley A R, Fitzpatrick S W, Funk W C, et al. Genetic rescue to the rescue[J]. Trends in Ecology & Evolution,

2015, 30(1): 42-49. https://www.researchgate.net/profile/Andrew_Whiteley/publication/268821953_Genetic_rescue_to_the_rescue/links/548a3b990cf2d1800d7aa99d.pdf.

[4] 关于印度洋群岛象龟的学术论文：Griffiths C J, Zuel N, Jones C G, et al. Assessing the potential to restore historic grazing ecosystems with tortoise ecological replacements[J]. Conservation Biology, 2013, 27(4): 690-700. http://onlinelibrary.wiley.com/doi/10.1111/cobi.12087/abstract.

[5] 《连线》杂志于 2015 年 9 月刊出了对莫拉·奥康纳的采访“生物学家也许很快就能复活灭绝物种，但是他们应该这样做吗？”（*Biologists Could Soon Resurrect Extinct Species. But Should They?*），http://www.wired.com/2015/11/biologists-could-soon-resurrect-extinct-species-but-should-they。

[6] 莫拉·奥康纳的著作《复活科学》（*Resurrection Science*）于 2015 年 9 月由圣马丁出版社（St. Martin Press）出版。

[7] 《边界》（*The Verge*）于 2013 年 11 月刊登了关于新奥尔良奥杜邦自然研究所对猫科动物进行克隆的报道“猫咪发绿光的地方：新奥尔良怪异的猫科动物科学”（*Where cat glow green: weird feline science in New Orleans*），http://www.theverge.com/2013/11/6/4841714/where-cats-glow-green-weird-feline-science-acres-in-new-orleans。

[8] 关于克隆非洲野猫的学术论文：Gómez M C, Earle Pope C, Giraldo A, et al. Birth of African Wildcat cloned kittens born from domestic cats[J]. Cloning and stem cells, 2004, 6(3): 247-258. http://www.ncbi.nlm.nih.gov/pubmed/15671671.

[9] 这篇论文综述了不同物种间克隆的科研现状：Lagutina I, Fulka H, Lazzari G, et al. Interspecies somatic cell nuclear transfer: advancements and problems[J]. Cellular Reprogramming (Formerly” Cloning and Stem Cells”), 2013, 15(5): 374-384. http://www.ncbi.nlm.nih.gov/pubmed/24033141.

[10] 一小部分的濒危动物成功实现了克隆。
爪哇野牛：先进细胞科技有限公司于 2003 年 4 月发布了新闻报道“为克隆濒危物种共同努力”（*Collaborative Effort Yields Endangered Species Clone*），http://www.prnewswire.com/news-releases/collaborative-effort-

yields-endangered-species-clone-70813392.html。

印度野牛：Lanza R P, Cibelli J B, Diaz F, et al. Cloning of an endangered species (Bos gaurus) using interspecies nuclear transfer[J]. Cloning, 2000, 2(2): 79-90. http://media.longnow.org/files/2/REVIVE/Cloning%20of%20an%20Endangered%20Species.pdf.

摩弗伦羊：Loi P, Ptak G, Barboni B, et al. Genetic rescue of an endangered mammal by cross-species nuclear transfer using post-mortem somatic cells[J]. Nature biotechnology, 2001, 19(10): 962-964. http://www.ncbi.nlm.nih.gov/pubmed/11581663.

[11] 2013年3月发表于《科学美国人》杂志的科普文章“克隆能拯救濒危动物吗？”（*Will Cloning Ever Save Endangered Animals?*）值得一读，http://www.scientificamerican.com/article.cfm?id=cloning-endangered-animals。

第 8 章

上帝的工具箱

随着人类排放的温室气体越来越多，地球温度也呈现出显著的上升趋势。空气中增加的二氧化碳不仅使海洋温度升高，溶解于水中之后更使海水酸化。这对全世界的珊瑚礁而言不啻一场灾难——珊瑚礁不耐高温，且对海水酸度极其敏感，酸性环境甚至会导致主要由碳酸钙构成的珊瑚骨骼完全溶解。

在位于澳大利亚东北角的城市汤斯维尔，“国家海洋模拟器”实验室于 2013 年开放。实验室内设有若干蓄满了海水的水箱，拯救珊瑚礁的可行解决方案或许就藏在某个水箱之中[1]。宽大的水箱中培育着大量幼小的珊瑚，由生态遗传学家玛德琳·冯奥彭（Madeleine Van Oppen）和她的同事悉心照料[2]。距“海洋模拟器”大约 50 公里的大堡礁曾是珊瑚的家园，栖息着 400 余种珊瑚。近 30 年来，其中一半的珊瑚已经陆续消失。

在“国家海洋模拟器”中，玛德琳尝试人为干预进化过程，希望培养出更适合未来海洋环境的珊瑚。第一种方法是将许多不同品种的珊瑚结合在一起，以期某个混合品种拥有比上一代更强大的特性。第二种方法是影响和珊瑚共生的小型藻类。有些珊瑚在幼虫阶段，体内就已经有藻类存在，随后逐渐形成密不可分的共生关系。共生藻的死亡会造成珊瑚白化。和珊瑚相比，藻类对海水的升温更为敏感。科学家们让同一种珊瑚分别和不同的藻类结合，试图找出对温度最不敏感的优化组合。第三种方法是任由珊瑚在酸性的温暖海水中生长，观察其是否能自发进化出新的特性，以适应环境的变化。

科学家希望，在人类创造的这个世界里，他们能够对珊瑚施以援手：通过培育适应未来野生环境的珊瑚，拯救全世界的珊瑚礁。

这是一项萌生于绝望之中的争议性实验。当动植物的进化无法赶上人类改变地球的速度，越来越多的科学家开始考虑，如何推动生物进化的进程。目前，玛德琳和她的同事甄选的目标对象，还仅限于珊瑚自发的适应性。但在未来的某一天，珊瑚或许需要经过基因编辑，才能在海洋中生存繁衍[3]。

相比过去，科学家已经能对动植物做出更为明确和精准的改变。大多数学术项目最终聚焦于医学研究的发展。比如，利用干细胞疗法治愈某些类型的失明；对猪进行基因编辑，使它的心脏能够用于人类器官移植；对胎儿或婴幼儿进行基因治疗，以避免某些致命的遗传疾病。以基因编辑技术为依托的首次人体临床试验于 2015 年启动。

2015 年秋，患有白血病的一岁女婴莱拉，注射了经过基因编辑的免疫细胞，用以替代她自身遭到损毁的免疫细胞。负责的医生表示，这一治疗方法可以延长莱拉的生命，直至找到合适的捐赠者进行骨髓移植[4]。

利用基因编辑细胞进行临床治疗的尝试，莱拉是第二例。2013年就有12名艾滋病患者接受了基因技术疗法。针对不同疾病，预计还将开展大批类似的临床试验。

我和斯图尔特·布兰德交流时，他曾直言，复活灭绝物种也许会成为一个重要契机，促进遗传学家和保护生物学家之间的合作。目的是让遗传学家和生物科技开发人员参与到物种保护项目中，最大限度地发挥基因技术的作用。目前，这两个学科领域之间还存在巨大鸿沟，遗传学领域的新技术往往需要经过很长时间，才能够惠及从事物种保护的科研人员。

“生物技术的发展往往受医疗应用驱动，但我们希望能够尽快在其他领域开发这些技术的应用价值。用于物种保护的技术能够规范达标，这才是我们最终的目标。我不认为还需要再等20年才能实现。”斯图尔特说。新的基因技术如何应用于物种保护领域，这已经成为“复苏”组织要思考的最重要的议题[5]。

“之所以在技术发展的早期阶段，我们就大力推动复活灭绝物种的项目，是因为我们希望这些项目能够作为生物技术的正面反馈，充分体现其应用价值。物种保护应该始终被列入基因技术发展的规划之中。”他说。

相当一部分事实表明，他的愿景将成为现实。致力于保护物种、实现野放的生物学家菲尔·塞登，或许会对复活灭绝动物的想法提出质疑，但对于将新的基因技术运用于现存物种的保护方面，他一定会积极面对且充满期待。

“新的基因编辑技术必将改变一切。利用基因技术拯救濒危物种将成为一个重要的应用领域。”他说。

如何利用基因技术消灭入侵新西兰附近南太平洋小岛上的老鼠，这是菲尔目前正致力研究的课题。这些老鼠引发了大量问题，严重威胁岛上原有的鸟类及其他物种。投放鼠药是减少鼠患的一个办法，但它同样存在问题，其中最大的风险是导致其他动物误食。另外，还有一个可能的后果，老鼠学会了识别和躲避。那样一来，老鼠不仅不会彻底消失，而且一旦停止投放鼠药，它们的数量又会迅速攀升。这一举措饱受诟病的原因还包括，毒杀的过程会为老鼠带来不必要的痛苦。

提到彻底消灭岛上的入侵物种，的确有过寥寥几个成功的先例，但科学家为此投入了大量的时间和精力。目前看来，遗传学家似乎找到了解决问题的神奇方法。他们的基本设想是：将一种自毁基因植入一部分老鼠体内，然后放回岛上。自毁基因会导致老鼠繁殖出的所有后代均为雄性，无一雌性。在自然界，这种基因突变往往会在自然选择的作用下很快消失。这里就牵涉到基因工程的微妙之处了。

科学家将突变基因和所谓的“基因驱动”相结合。正常情况下，有性繁殖生物体的基因遗传率为50%，而在基因驱动的情况下，下一代能继承所有具有指向性的特定基因。该基因带来的特性会迅速扩散开来，并且无法通过正常进化消失[6]。

对于小岛上的老鼠来说，要经过数代繁衍、所有出生的幼崽皆为雄性时，它们才会自我灭亡。伴随着老鼠的消失，鸟类和其他动物的数量将慢慢恢复，多种物种得到拯救，小岛独特生态环境也将得以保存。

“我真心希望能看到这一设想付诸实践，有太多小岛需要被保护，被拯救。应用这些前沿技术，肯定还有很多问题有待解决。不过，我接触过的业内人士都对它充满信心。”菲尔说。

基因驱动仍是一个全新的研究领域，目前公布的只有在实验室中进行的少量科研实验。结果令人信服和满意，同时也让人生畏——因为其中存在太多环节可能出现差错或纰漏。

如果经过基因驱动的老鼠从一座小岛游上大陆，可能会导致老鼠种群全部灭绝；如果经过基因驱动的老鼠和另一亚种的老鼠交配，并繁衍出后代，可能会造成另一个亚种灭绝；如果这两种情况同时发生，后果将难以预料。对于需要买捕鼠夹和老鼠药的人来说，一个没有老鼠的世界简直是天堂，然而老鼠的灭绝会在自然界引起巨大的连锁反应。

基因驱动技术的另一个可能的应用领域，在于有意识地灭绝一个物种。许多科学家主张，对传播疟疾及其他疾病的蚊子使用基因驱动技术。他们在实验室内对疟蚊（学名“按蚊”，因能传播疟疾也被称为“疟蚊”）进行基因修改测试，结果证实基因驱动技术行之有效。经过突变基因和基因驱动的结合，所有的雌性疟蚊都不再具备繁殖能力。如果将携带这种基因的疟蚊放归自然，不出几年就能使这一物种彻底灭绝。

另一种方法是，利用基因驱动技术，将阻碍疾病传播的基因植入蚊子体内。这个方法同样在疟蚊身上经过了测试。保留蚊子确实能大幅降低对于生态系统的影响，但同时也意味着产生抗体的可能，疾病也许会卷土重来。此外，科学家也在观望，是否能将基因驱动技术应用于蜱虫，以阻止莱姆病的传播。

基因驱动技术尚未发展成熟，但由于其产生的正面和负面作用都极其巨大，因此毫无疑问地成为全球遗传学家讨论的焦点。比如，有人提议建立安全保障机制，将基因驱动技术限制在一定范围内，若出现纰漏，能迅速遏制其蔓延。目前，第一个安全保障机制已经在实验室内展开测试[7]。多种迹象表明，基因驱动技术一旦作用于野生动物，将会造成不可逆转的后果。

除了用于消灭害虫和传染源，基因技术还可以用于保护野生动物免受某些疾病的困扰。

对于住在波士顿的乔治·丘奇来说，打造猛犸象只是他工作的一小部分。他的首要目标是帮助现存的亚洲象抵御一种致命病毒，这种疱疹病毒的变种经常导致亚洲象幼崽早夭。除了人类外，这种病毒是目前威胁亚洲象的最大元凶。

“如果我们能够彻底消灭疱疹病毒，或者消除病毒中作用于亚洲象的致命基因，就能直接降低亚洲象灭绝的风险。所以在培养耐寒性之前，我们或许可以先帮助亚洲象增强抵御疱疹病毒的能力。”乔治充满激情地展望着未来。

乔治的目标是找到治愈的方法，或注射疫苗，或采取抗病毒基因疗法，或双管齐下。菲尔·塞登同样认为，利用基因技术对抗疾病将会取得显著的疗效。他举例说，真菌引起的疾病目前严重威胁着两种动物——青蛙和蝙蝠，在它们体内培育出针对真菌的抗体不失为一种解决方法。

“我认为有充足的理由将这项技术付诸实践，保护青蛙免受壶菌病的侵袭。”菲尔说。

这场正在世界范围内蔓延的疫情导致1/3的青蛙种群面临灭

绝的风险。蛙壶菌是具有最大威胁的元凶。它迅速扩散并席卷全球，对两栖类物种造成了致命的打击。蛙壶菌会寄生在青蛙的皮肤上，导致皮层变厚变硬，阻止青蛙通过皮肤摄入水分等营养物质，最终死亡。

世界各地的蝙蝠同样受到类似疾病的威胁。在美国，一种滋生于蝙蝠鼻子和翅膀的真菌已经造成超过550万个体的死亡。科学家认为，利用基因技术可以阻止悲剧继续，相关的方案正在试验中。

在了解了各种项目，接触到各领域的专家、学者之后，我的一个明显感觉是，基因技术可能的应用范围相当广泛。对于对全世界的青蛙造成威胁的疾病，提出彻底消灭疾病的主张很容易理解，但对传播疟疾的蚊子进行种族灭绝，从伦理层面上来看则需要谨慎思考。不过考虑到全球每年有40万人死于疟疾，我又觉得，灭绝疟蚊显然是个不错的主意。如果基因技术足够完善和有效，似乎也没必要提出异议。

至于对珊瑚及其他物种进行基因编辑，以帮助它们适应气候变化，论证起来就比较复杂了。实现的具体方法有很多，有些需要先进而精妙的基因技术，有些则不然。举例来说，科学家最近在鲑鱼的一个亚种体内发现了一种自然突变，使之能够在较为温暖的水域中存活，而这种突变基因可以被复制移植，作用于其他鲑鱼。

相比于改变物种的自然特性，阻止全球变暖是不是会更好？答案是肯定的。然而现实没有这么简单。人类目前还无法将气温上升限制在可控范围内，因此较为可行的解决办法是，以科学手段尽量减少全球变暖带来的影响。

那么接下来呢？接下来才是真正严峻的考验。我们应该改变物种，以配合人类发展的步伐吗？从理论上说，我们几乎可以随心所欲地改造自然，因此也难以预测，这种改造何时才会停止。

“关于改造何时停止，引出了越来越多的思考。从我个人的观点来看，眼下是一个充满未知和可能的时代——我们可以尽情讨论和展望未来。”菲尔说。

当然，并不是所有人都对这种改造持积极态度。科学家大致分成了两个阵营。第一个阵营坚持认为，目前的情势已经极其严峻，只有人为干预，才有可能拯救尚存的生物多样性；第二个阵营则表示，对物种的改造意味着背叛，它背叛了人类保护自然的初衷。人为改造后的大自然不再是它本应呈现的模样，而代表了另一个截然不同的世界。而且，一旦出现纰漏或失控，将会造成不可预估的后果。

“事实上，我们已经有能力通过人工合成的方式创造物种，以适应这个被人类改变和影响的世界。我们可以赋予它们某种抗性，阻隔重金属和杀虫剂的危害，也能让它们更耐热或更耐寒。”乔治·丘奇说。他认为，这是正面积极的发展趋势，也是我们应该努力的方向[8]。

“基因技术不会从根本上改变一个物种，只会让它们更适应现在的环境。这就好比几千几万年来，为了适应现代城市生活，人类体内也产生过很多基因突变。总不会因为这些突变，我们就不是人了吧。”他补充道。从他的话中，我能明显感觉到他对新技术的兴奋和热情。

这种兴奋和热情让我感到不安。仅就理论层面而言，我们很难清楚地界定，哪些决定是正确的，哪些决定只会引起恐慌。

改造动物的另一个方向，是让它们迁移到新的栖息地生活，暂时远离灭绝的风险。正如乔治反复强调的，他打造猛犸象的目的之一，是保护现存的亚洲象，让它们有能力迁居到新的地方繁衍生息。

“改变少量基因并不会改变亚洲象的本质。”他说。

对此，学界存在另一种观点——乔治以灭绝的猛犸象为灵感，创造了一个全新的物种。他所推进的方向，是自然进化不可能到达的。如果排除人为因素的干扰，进化出新的猛犸象至少需要几十万，甚至几百万年。而现在这一过程被缩减到了短短几十年。

“他所做的并非重现猛犸象，而是创造一个猛犸象的代替品。在大众眼里，它不过是远在西伯利亚、外形酷似猛犸象的一头毛茸茸的大象。关于这个项目的争论将会很有意思。”菲尔说。

利用基因技术，人们完全可以创造全新的物种，或者将动物改造成无法通过自然进化实现的模样。

“我认为，这为保护生物学提供了新的可能。我们可以打造出更适应现代环境的新东西，而不必被迫在旧的基础上改进推出新的版本。”乔治说。

我问乔治，对于基因技术可能产生的差错和纰漏，他是否会担心。

“当然会。我生性多虑，成天担心这个、担心那个。我甚至还会担心不这么做的后果。但我认为最妥当的处理方式应该是事先做好计划，考虑各种可能性，然后进行小规模测试，验证假设是否成立。好比一种新药投放市场之前，也必须经过层层检测。”他说。

我的另一个疑问是，对于身处哈佛实验室的乔治来说，技术应用的极限在哪里？

“研究极限不是我的专业。我的专业是超越极限。”他笑了笑说道。这让他看起来更有圣诞老人的感觉，但我知道他不是在开玩笑。

注释

[1] 澳大利亚“国家海洋模拟器”的主页：http://www.aims.gov.au/seasim-coral-spawning-activities。

[2] 玛德琳·冯奥彭的个人主页：http://data.aims.gov.au/staffcv/jsf/external/view.xhtml;jsessionid=447C951DF26A2B6D5ACA6FA8444FFE5C?partyId=100000442。

[3] 这篇文章总结了利用基因编辑技术拯救物种、保护生态的可能途经：Thomas, Michael A, Roemer, et al. Ecology: Gene tweaking for conservation[J]. Nature, 2013, 501(7468):485-486. http://www.nature.com/news/ecology-gene-tweaking-for-conservation-1.13790.

[4] 关于莱拉和白血病的文章：Reardon S. Leukaemia success heralds wave of gene-editing therapies[J]. Nature News, 2015, 527(7577): 146-147. http://www.nature.com/news/leukaemia-success-heralds-wave-ofgen-editingtherapies-1.18737.

[5] 2015 年 4 月由“复苏”组织牵头，遗传学家和保护生物学家共同参与的会议的概况可参见：http://reviverestore.org/case-studies。

[6] 关于基因驱动技术的报道可参见：http://fof.se/tidning/2015/10/artikel/nu-kan-vi-styra-over-domedagsgenen。

[7] 这篇论文提倡建立安全保障机制，以限制基因驱动技术：Dicarlo J

E , Chavez A , Dietz S L , et al. Safeguarding CRISPR-Cas9 gene drives in yeast[J]. Nature Biotechnology, 2015, 33(12):1250-1255. http://www.nature.com/nbt/journal/v33/n12/full/nbt.3412.

[8] 关于利用合成生物技术解决生态问题的可行性以及可能引发的风险，这篇文章提出了一些有趣的观点：Redford K H , Adams W , Mace G M . Synthetic Biology and Conservation of Nature: Wicked Problems and Wicked Solutions[J]. PLoS Biology, 2013, 11(4):e1001530. http://journals.plos.org/plosbiology/article?id=10.1371/journal.pbio.1001530.

第 9 章

蔓延的死亡

1876 年，一批来自日本的板栗运抵美国，死亡随之悄然降临。货舱中除了装满板栗的木箱外，还有一种原产亚洲的美丽植株——日本栗的幼苗。日本栗比美洲栗要矮小，除了观赏外，果实还可食用。景观设计师塞缪尔 · B. 帕森斯（Samuel B. Parsons Jr）从曼哈顿卸下货后，立刻向全美国的果园出售日本栗的幼苗。他不知道的是，随这些幼苗同时卖出的，还有一种真菌——栗疫病菌。

这种真菌寄生在树皮下，仅从外观根本无法判断植株是否已被感染，因此帕森斯绝非有意而为。日本栗已经进化出栗疫病菌抗体，可是对野生的美洲栗而言，这不啻一场灾难。美洲栗曾一度覆盖美国东海岸，从南部的密西西比州到北部的缅因州，美洲栗占据了 1/4 的落叶林。美国的文学作品中不乏这样的描写：每到春天，成片的美洲栗开出一簇簇白色的花朵，仿佛为山丘覆上了一层厚厚的积雪。成熟的栗子成为松鼠、旅鸽和人类的食物。和欧洲栗相比，美洲栗结出的果实更美味，可以磨成粉做蛋糕，也可以放在明火上烤熟，或蘸糖浆直接食用，甚至还能用来酿造啤酒。美洲栗木材是传统的房屋建筑材料，树皮是鞣制皮革用的主要原料。

美洲栗是一种巨大而古老的树种，有些植株高达30多米，树龄超过100年，但在这种外来真菌的侵袭下，它们显得不堪一击。栗疫病菌吸附在树皮和树干之间，释放出一种能杀死栗树细胞的酸性物质，真菌在大量蚕食死去的细胞组织后，逐渐在树皮上形成一块块湿腐的隆起，随后慢慢蔓延开来，阻断树根和树冠之间水分和养分的输送。这和环切树皮导致树木死亡是同样的道理。

栗疫病以星火燎原之势蔓延开来，短短50年里就杀死了30亿棵美洲栗，东海岸的美洲栗几乎被尽数摧毁。如今，美国仍有少量高大的美洲栗，但基本上都远离了它们的原产地，迁至西海岸的加利福尼亚州和华盛顿州。美国东部的大片森林里仍留有这一损毁树种的根系。它们仿佛不断卷土重来的僵尸，时不时钻出土壤，还没等长成参天大树，就被栗疫病菌扼杀。栗疫病菌也寄生在其他树种的树皮下，但不构成危害。如若不然，森林里的其他树都难逃感染的风险。

这意味着美洲栗实际上已经灭绝。尽管仍有幸存的植株，但它们曾对森林生态做出的贡献已荡然无存。春季不再有吸引昆虫的花粉和花蜜，秋季不再结出饱满的果实。美洲栗的消失标志着美国自然景观的大幅改变，它们原本在森林中的位置也被其他树种取代。

但种种迹象表明，美洲栗将有可能重现东海岸。

“预计再有 5 年左右，我们就会开始在森林里栽种具有抗体的美洲栗，现在只是没走完法律程序，还没拿到许可。”纽约州立大学的植物生理学家威廉·鲍威尔（William Powell）这样说。近 25 年来，他不断尝试着培育具有抗体的栗树。威廉是一个热情开朗的人，在采访过程中不时爽朗大笑。对于一名远道而来的记者关注他钟爱的美洲栗，威廉显得兴奋而激动[1] [2]。

“刚开始的时候，我们还以为 5 年就能出成果，结果花了 25 年。年轻的科研人员往往过分乐观。”他打趣说道。威廉自博士毕业后就致力于美洲栗的研究，不过几年后项目才正式启动。现在他还有 10 年就退休了，预计 5 年内可栽种的这批植株是他毕生心血的结晶[3]。

从 20 世纪 80 年代末开始，有相当长的一段时间，科学家一直在尝试将美洲栗和拥有栗疫病菌抗体的亚洲栗种进行杂交，以期得到外形接近美洲栗，同时具备栗疫病菌抗体的杂交品种。问题在于，日本栗的个头要矮小许多，所以培育出第一代杂交品种后，科学家需要将其再次与美洲栗杂交，在保持抗体的同时，最大程度地降低日本栗在遗传物质中的比例。科学家需要经过漫长的试验过程才能得到理想的结果，原因在于大量杂交个体会从上一代遗传到错误的基因，有些时候甚至与预期截然相反，比如杂交出一棵个头矮小且不具备抗体的栗树。

威廉选择了另一条路，他开始寻找一种特性——能保护栗树免受栗疫病菌侵袭的特性。真菌寄生在树皮下之后，会释放出杀死栗树细胞的草酸。这种草酸同样存在于酢浆草和大黄之中。威廉在小麦中找到了一种能够中和草酸的基因。这种基因之所以会存在于小麦中，是因为大量真菌疾病都会以草酸作为武器，这迫使受侵袭的小麦植株进化出了防御机制。

“这种基因并不罕见，它同样存在于其他植物之中，除小麦以外，还有草莓、香蕉等。”威廉说。

利用科学家培育转基因作物的方法，威廉打算将该基因植入美洲栗的基因组中。威廉最初的考虑是从日本栗中提取这种基因，因为日本栗和美洲栗属近缘物种，基因植入的效果理应更好。可问题是，日本栗所具备的抗体是若干基因共同作用的结果，所以较为简单的方法是，从另一个物种内找到能够单独发挥作用的基因。除了从小麦中提取的基因外，他们还植入了所谓的“遗传标记”，以测定改造的进程和变异的效果。威廉将最新培育出的转基因美洲栗命名为“Darling 54”[4][5]。

“我们成功培育出的栗树品种，对于栗疫病菌的抗病性甚至比日本栗还要强。很多人问我是否创造了一个新的物种，其实不然。对两种不同的树进行杂交，培育出的下一代算是新物种，但植入基因带来的变化比树种杂交要小得多。”威廉说。

他为我播放了一段视频资料，视频资料拍摄了3个不同的栗树种群，反映了它们在幼苗时期感染真菌后的生长情况。普通美洲栗的叶片枯萎蜷缩，由绿转灰，纷纷掉落。日本栗的植株虽然矮小，但抵抗力要稍好一些。它们的叶片稍稍有些卷曲，呈现出泛黄的白色。除个别几棵奄奄一息外，其余多数依然健康挺拔。最后一种是被命名为“Darling 54”的转基因品种。它们茁壮挺拔，长满了葱郁的墨绿色叶片，呈现出一派生机。“Darling 54”是迄今为止培育出的最成功的品种，提到这一点，威廉的骄傲之情溢于言表。

目前，申请栽种的法律程序已经启动，如若得到批准，威廉和他的同事将在自然界种下第一批转基因树苗。在美国，转基因美洲栗的审批程序和转基因作物完全一样，过程复杂而漫长，通常需要耗时 3 ～ 5 年。一旦获准，就意味着这批树苗可以栽种在美国任何地区。现在，科学家只能出于科研需要，在少数几个区域内栽培转基因树苗，而且必须及时剪除雄花或罩上袋子，以防转基因花粉传播扩散到自然界。

在野生环境下，美洲栗从树苗长到成熟结果需要七八年的时间，而在实验室或人工栽培的情况下，它们的生长率会大幅提升。2015 年秋，威廉的转基因美洲栗收获了第一批果实。果实数量不算多，被全部送往另一家实验室进行营养成分分析。

“我们对此非常谨慎。我们希望确保绝对成功。”威廉说。

按照威廉的计划，第二批收获的果实应该会用于育苗，以培育出更多植株。他对栽培的结果充满信心。到目前为止，一切迹象都表明，这种转基因美洲栗能够可持续地繁衍下去。

威廉还对转基因美洲栗在森林环境中的适应情况进行了研究，目的在于避免一切未曾预料的结果。研究内容包括昆虫在食用花朵后的反应，以及落叶腐烂后对土壤的影响。

根据威廉的估计，美洲栗的花朵和果实必将使许多动物受益，同时也会不可避免地损害个别物种的利益，但目前还不清楚具体包括哪些。在实验性栽培中，他们发现一种稀有的甲虫对美洲栗果实极具依赖性。不难预见，随着美洲栗扩大栽培，这种甲虫也许不再稀有，这也是森林环境中物种相互依存的体现。但从另一方面来说，美洲栗数量的增加也意味着橡树的减少，因此对于依赖橡树的物种而言，它们的生存将面临一定的风险。

野外栽培转基因树种，并允许它们在自然环境中繁衍扩张，是一项极其敏感的议题。转基因研究组织一直饱受诟病，甚至出现过研究设备和成果遭到反转基因人士蓄意破坏的情况。我询问威廉，他的项目是否受到过批评和反对，比如来自环保组织的不同意见。

“其实不太多。我每年都会主持很多演讲，介绍目前进行的研究项目，好像并没有招致很多批评。我们在大学研究区域栽种的试验性植株也从未遭到人为破坏。转基因技术有广阔的应用领域，这一点，我认为大众能够理解。”他说。

几乎所有复活灭绝物种的项目，在走出实验室时都会面临阻碍。科学家最终打造出来的动物，从理论上说确实属于转基因物种。对于该物种是否能够放归自然，学界和民间都可能涌现出强烈的反对声浪。在转基因美洲栗真正开始在野外栽种的那一天到来之前，我们很难想象威廉和他的团队会面临怎样的反馈。

人们对转基因作物所有的担忧，同样会出现在转基因美洲栗的培育上。科学家的目标是：新的基因能够扩散进入野生植物。威廉希望，他们栽种的这批转基因美洲栗，能够尽可能多地与森林中仅存的野生美洲栗杂交。这些年偶尔长出的美洲栗树苗，大多数还没等到开花授粉或成熟结果就已经枯萎凋敝，不过也有幸运的例外。如果它们能够及时与转基因美洲栗杂交，抵御栗疫病菌的能力就能代代遗传下去，使这一物种再次兴盛起来。

“森林里残留的美洲栗树桩中，仍具有一部分遗传多样性。

我们希望通过杂交的方式，最大程度地拯救它们。从遗传学角度看，转基因树种彼此太过相似，因此我们需要从野生环境中采集和保存这种多样性。”他说。

威廉的计划是，在开始栽种具有抗体的美洲栗的同时，帮助它们与尚存的野生美洲栗杂交。植入美洲栗的抗病基因属显性基因，也就是说，杂交出的幼苗只要从某一方遗传到具有抗病性的基因，抵抗疾病的抗体就能发挥作用。

威廉赋予美洲栗的抗病能力并不会导致真菌死亡，和日本栗一样，美洲栗的树皮下仍会有栗疫病菌存在。我担心这可能会成为一个问题，如果真菌持续传播，会不会导致情况恶化？

“恰恰相反，”威廉答道，“如果我们把真菌和树种之间的关系比喻成军备竞赛，这反而会降低激化的风险。如果对树种进行的基因修改会导致真菌死亡，那么真菌就会被迫承受巨大的进化压力，设法克服基因修改产生的抗体。如果只是中和真菌释放的酸性物质，而不对真菌的生存构成威胁，它就不会对抗体产生强烈排斥。”

“我们还可以多植入几个基因进一步降低风险，我们也确实在考虑一些备选方案。不过实际上，真菌要进化出对抗抗体的能力，可能性非常小。”威廉说。

相比其他复活灭绝物种的尝试，转基因美洲栗取得的进展可以说遥遥领先，这与威廉及其团队的思路和努力密不可分。如果审批通过的话，这一新的树种将会成为第一批实现野外栽培的复活物种——当然你也可以认为，美洲栗这一物种从未真正灭绝。

现在，威廉及其团队仍在等待政府的批准，但他们已经开始考虑进行育苗工作。这样，时机一旦成熟，转基因美洲栗就能立刻投放野外。按照设想，整个转基因美洲栗项目都将交由一家慈善组织经营。关于美洲栗的转基因技术不存在专利，目的是实现成本价销售。威廉希望，拿到审批文件的时候，他们已经备好1万棵植株可供售出。私人或公司都可以进行采购，栽种在后院或公园内。当然，让美洲栗重现森林依然是威廉的终极目标。

废弃的露天矿区就是一个理想的栽种地点。完成开采后，矿业公司有义务恢复当地的自然环境。威廉认为，在矿区栽种美洲栗和其他树种不失为一个两全其美的方案。根据他的经验，美国有多处类似的荒地和空地有待改造，美洲栗的出现恰好可以填补这些空白。

“人们一直在问，我们会不会砍伐其他树木，替换成美洲栗？当然不会！且不说大量荒地具有还原成为森林的潜质，就算在已有的森林里，因为龙卷风或小型山火的缘故，每年也有大批树木死亡。这些区域都适合引进美洲栗。”他说。

森林中的任何一个物种都需要达到一定数量才能实现生存和繁衍，美洲栗也不例外。但这个数量具体是多少，目前仍是未知数。对于美洲栗来说，建立种群的最大障碍是栗子的可食用性太强。当美洲栗数量有限时，几乎所有的栗子都会被松鼠和昆虫吃掉，无法留出足够的种子孕育新的植株。只有达到一定数量后，才可能有栗子幸存下来，让物种延续发展。

“不过做完这些事，我也该退休了。但愿我也能弄到一块土地，种上几亩美洲栗。”威廉笑着说。

我很好奇，究竟什么时候才算大功告成？要到什么时候，这些美洲栗的生存和繁衍才不需要人工干预？要到什么时候，它们的数量才能庞大到能够再次进行砍伐用作木材？

“说真的，我也不知道。等到大功告成的那一天，我应该已经不在了。”威廉说着，又笑起来。“我一直在向大家传递这一点——美洲栗是可以重现繁盛的，只不过至少要等一个世纪。这需要我们共同努力，如果没有全民自愿栽种作为基础，那最多只能在庭院和公园里见到零星几棵美洲栗，永远无法形成规模。”威廉正色道。

他表示，100 多年前，美洲栗的消失对森林生态造成的巨大创伤如今仍然存在，部分依赖美洲栗生存的物种仍然面临着灭绝的风险。他希望自己培育的转基因美洲栗能够缓解这一危机。我们所要拯救的是一份价值无可估量的财富，我们几乎失去，但幸好未曾真的失去。它不仅仅关系着美洲栗本身，更关系着美洲栗在生态系统中的作用。从某种意义上说，这和本关于旅鸽的梦想有点类似。但是与能吃能拉、黑压压的一大群旅鸽相比，开满白色花朵的高大树木显然不那么令人生畏。

在我看来，威廉的愿景一定能够实现。部分原因是，美洲栗消失的年代并不久远，恢复它们在森林中的地位是科学和生态的共同诉求。我们完全有理由相信，美洲栗会适应得很好，并将使一大批物种受惠。但首先，我认为实现愿景的前提条件是人类爱护树木的本能。目前，已经有大批志愿者心怀热忱投入到了野外栽种的准备工作中，废弃矿区的生态恢复项目也得到了广泛的支持。对于反转基因人士而言，这些民意基础是说服他们的最有力的武器。想到郁郁葱葱的美洲栗能够再现曾经的盛况，我自己也心生向往[6]。

听威廉谈论美国痛失美洲栗的悲剧，不禁让我联想到瑞典的森林。死神同样拜访了瑞典，对森林造成的伤害甚至数倍于美国。荷兰榆树病，这种通过甲虫传播的真菌病，不仅摧毁了瑞典的大量树木，欧洲其他地区也未能幸免。一棵健康的榆树，树龄可达四五百年，可一旦感染了荷兰榆树病，就会在短短数月内枯萎死亡。

“在瑞典，几乎所有的榆树都被感染了。它们不太可能彻底消失，因为在感染真菌前，这些榆树已经足够成熟，能够传播种子了。我认为，榆树这一物种不会因此灭绝，只是形态会发生改变。我们再也看不到从前那样的参天大树了。”乔安娜·威策尔（Johanna Witzell）博士如是说。乔安娜是瑞典农业科学大学的副教授，同时也是研究植物病原真菌的专家。

荷兰榆树病波及范围之广超出了想象，现在只剩瑞典的哥特兰岛还在奋力挣扎抵抗。1997 年，欧盟启动了物种保护项目，旨在尽可能多地保存榆树的遗传多样性，同时评估是否存在能抵抗荷兰榆树病的树种。科学家在整个欧洲范围内收集了几百棵榆树的基因进行克隆，以找出帮助欧洲榆树复苏的方法。

“科学家花了大量精力对榆树进行克隆，通过杂交培育具备抗体的树种。其中不少新品种已经投入商业化运作。问题在于，这些杂交品种是否能替代原有树种，发挥原有的生态功能，我对这一点持怀疑态度。”乔安娜说。根据她的描述，杂交榆树“个头矮小，四四方方”，最适合在公园和庭院内栽种。

此外，荷兰榆树病的抗体本身似乎也会带来副作用。就像我们人类体内生活着数以百万的细菌一样，树木中同样存在大量促进它们生长的有益真菌。乔安娜的研究表明，对荷兰榆树病具有抗体的榆树所携带的真菌种类也明显低于一般水平[7]。

“我们不妨自问，这些具备抗体的榆树被栽种到自然界后，会产生怎样的后果？它们的死亡和腐烂，对寄生的真菌和细菌而言，可能意味着与原先截然不同的分解过程，从而引发生态系统中的级联效应。”她说。

荷兰榆树病并不是摧毁瑞典树木的唯一一种真菌病。由于另一种真菌病——白蜡树枯梢病的侵袭，瑞典南部的白蜡树正在大量死亡。白蜡树枯梢病最早于1992年发现于波兰，病菌能直接侵入白蜡树的嫩芽，导致其枯萎死亡。针对白蜡树枯梢病，目前还没有行之有效的治疗方法，也没有能够预防感染的保护措施。枯梢病的扩散速度很快。2001年，瑞典首次在厄兰岛发现枯梢病，及至2005年，致病真菌就已经蔓延到所有种植了白蜡树的区域。大部分迹象表明，全瑞典绝大多数的白蜡树都将死于枯梢病。

丹麦科学家发现，极少一部分白蜡树天生具有抵抗枯梢病的能力。这为物种的生存和延续带来了一线生机。科学家希望通过人工干预的方式，让这种抗体传播普及。虽然目前还没有具体的计划，但欧洲的科学家已经达成初步共识，以这种具备抗体的白蜡树为基础，培育全新树种。德国和法国的科学家呼吁，第一步要尽量收集现存的白蜡树样本，包括感染后的幸存植株和尚未受到感染的健康植株。

威廉认为，在其他植物中找到可以同时抵抗白蜡树枯梢病和荷兰榆树病的基因，也是一种可行的方法。

“在涉及白蜡树枯梢病的问题上，我的研究肯定是具有借鉴意义的。但问题在于，人们是否已经做好准备，接受一种转基因树种。我个人感觉，和美国相比，欧洲人对转基因的反应似乎更为强烈。”他说。

2009 年，全瑞典的白蜡树中，有 1/4 遭到严重损毁或死亡。大部分长有白蜡树的森林同时长有榆树，而当时瑞典的榆树已经因为荷兰榆树病的侵袭奄奄一息，枯梢病来袭无疑是雪上加霜。白蜡树一旦消失，势必会给大量其他物种带来毁灭性的打击。

“我认为基因编辑是一种理想的方式，在保护和延续物种的同时，又不会对物种本身造成太多改变[8]。但基因编辑存在一个严苛的限制条件——只有认定某一树种必将全部消失时，我们才可以考虑基因技术。事实上，这意味着一切从零开始，选取一棵具备抗体的树，以此为基础恢复整个物种。说到底，这是一种补救措施，而非预防手段。”威廉说，“基因编辑不是万能的灵药。”

乔安娜不赞同这种解决方式。

“我认为这种方法见效太慢，也太过随机。基因编辑并不能解决所有的问题，我们必须将其他因素考虑在内。想要达到预期的效果，仅仅依靠基因编辑技术是不够的，而且代价也太过高昂。我的观点完全基于我个人的经验。我从 20 世纪 90 年代起从事植物生理学研究，那时学界就已经开始探讨基因技术的可行性。”她说。

在乔安娜看来，最大的问题在于，基因编辑的投入周期过长，等到初见成效时，真菌病往往已经根深蒂固。

“我会追溯思考问题的根源。荷兰榆树病快速扩散的一个原因是，我们在林业种植中选用的是基因相似的克隆榆树（经济植物多采用无性繁殖技术进行繁育），这为疫病的滋生提供了温床。所以，我们首先要做的是改变利用树木和森林的方式，这同时也要求我们降低对森林产生的经济效益的预期。我认为，值得努力的方向是从根本上拓展遗传多样性。”她说。

这就带来了一个问题：对于这些疫病造成的损伤，我们是不是只能被动接受？

“我们可能必须接受一个事实：由于还有其他入侵的疫病影响着各种树木，森林的样貌必然会发生改变。举例来说，目前正在蔓延的一种疫病很可能让我们失去高大的欧洲山毛榉。”她说。

话题转移到正在威胁瑞典欧洲山毛榉的真菌时，我开始感到恐慌[9]。我成长于瑞典斯科讷省的北部，印象中有一半的时间都在欧洲山毛榉树林中度过。我深爱那些葱郁繁茂的森林，我爱它们秋天时耀眼的金黄，也爱它们春天时纯粹的嫩绿。我和乔安娜的会面地点是她的办公室，位于瑞典农业科技大学设在隆德郊外阿尔纳普的校区，办公室窗外就是一座长满欧洲山毛榉的公园。

这场来势汹汹的疫病同样由真菌引起，这种真菌和19世纪中期引发爱尔兰大饥荒的罪魁祸首——导致马铃薯晚疫病的致病疫霉——是近缘物种。它们在土壤中扩散，侵袭植株的根部，阻碍水分和养分的吸收。乔安娜说，在阿尔纳普的土壤中已经发现了这种真菌，该地区的树木也因此变得脆弱，树冠明显变稀疏。

“我们在马尔默柳塘公园的欧洲山毛榉上发现病变迹象时，很多市民感到不安，纷纷致电询问情况。事实也的确很可怕。我们只进行了小规模的调查，却发现它已经蔓延到各地，南山脊国家公园也未能幸免。这场疫病最终会对森林造成怎样的伤害，现在还很难说。真菌的侵袭是一个漫长的过程，这些树的抗病能力或许会超出我们的预期。最坏的情况就是欧洲山毛榉病重枯萎，最终死亡。”她说。

“不管怎么说，我还是希望欧洲山毛榉种群具有足够的遗传多样性，能出现一些耐受力强的个体，不至于全体覆灭。毕竟，我们都不愿见到最坏的情况发生。”乔安娜说。

距离第一次发现这种疫病，一转眼已经过去多年，对于科学家而言，未来还有很长的路要走。

“在森林病理学和林木病虫害防治领域，我们的反应总是不够快。往往到了损失相当惨重的地步，相关研究才慢慢展开。几乎所有的林木病虫害防治都存在一个问题：病虫害真正蔓延开来的时候，人为干预为时已晚。森林疫病是一个世界性的难题，我们很难事先探测和确定，事后也很难找到补救措施。”她说。

尽量从源头上避免疫病传入，这是唯一有效的预防途径。

“造成林木病虫害大规模蔓延的一个重要原因是国际植物贸易。对于外来的有害昆虫或微生物，本土植株不仅感到陌生，更缺乏抵抗的能力。想要彻底避免这类问题，就必须停止国际植物贸易。”乔安娜说。

一棵经过严格检疫并且做过防疫病处理的植株往往造价高昂，谁都不愿为此破费。但作为个人，我们至少可以问清楚植株的来源和产地，尽量避免选择来自德国或荷兰大型种植园的植株，改为购买瑞典本土培育的幼苗。乔安娜希望通过这种方式抑制疫病的扩散和传播。

“如果态势像今天这样继续发展下去，那未来将会有更多来自世界各地的有害微生物和入侵物种进入瑞典。因此，我希望我们能够将目光放得长远一些，不要过度关注经济上的损失。这种想法未免有些天真，不过的确是我的心里话。如果任由其继续发展下去，我们的希望会越来越渺茫。”她说。

我问乔安娜，她对瑞典森林的未来有何看法。

“我认为，瑞典的森林会呈现出年轻化的趋势，目前也的确有很多因素决定了它会朝这个方向发展。疫病的流行和破坏使得古老森林不复存在。像现在这样树龄上百年、粗壮高大的欧洲山毛榉或白蜡树，以后可能再也见不到了。”她说。

注释

[1] 转基因美洲栗项目主页：http://www.esf.edu/chestnut。

[2] 威廉·鲍威尔个人主页：http://www.esf.edu/EFB/powell。

[3] 威廉 2013 年 4 月的 TED 演讲“用美洲栗复兴美国森林”（*Reviving the American forest with the American chestnut*）可参见：https://www.youtube.com/watch?v=WYHQDLCmgyg。

[4] 威廉关于转基因美洲栗项目的论文：Powell W . The American chestnut's genetic rebirth.[J]. Scientific American, 2014, 310(3):68-73. http://www.scientificamerican.com/article/the-american-chestnut-genetic-rebirth.

[5] 另一篇关于转基因美洲栗的论文：Oakes A D, Desmarais T, Powell W A, et al. Improving rooting and shoot tip survival of micropropagated transgenic american chestnut shoots[J]. HortScience, 2016, 51(2): 171-176. http://hortsci.ashspublications.org/content/51/2/171.short.

[6] 关于重建森林的可行性报告可参见：http://phenomena.nationalgeographic.

com/2013/03/11/resurrecting-a-forest ；进展报道可参见：http://www.esf.edu/chestnut/documents/10000-chestnut-challenge-report-2017.pdf。

[7] 乔安娜·威策尔写有一篇利用无害真菌抵抗植株疫病的文章：Witzell J., Martín J.A., Blumenstein K. (2014) Ecological Aspects of Endophyte-Based Biocontrol of Forest Diseases. In: Verma V., Gange A. (eds) Advances in Endophytic Research. Springer, New Delhi. http://link.springer.com/chapter/10.1007/978-81-322-1575-2_17.

[8] 利用基因技术对抗白蜡树枯梢病的学术论文：McKinney L V, Thomsen I M, Kjær E D, et al. Genetic resistance to Hymenoscyphus pseudoalbidus limits fungal growth and symptom occurrence in Fraxinus excelsior[J]. Forest Pathology, 2012, 42(1): 69-74. http://onlinelibrary.wiley.com/doi/10.1111/j.1439-0329.2011.00725.x/abstract.

[9] 威胁欧洲山毛榉的疫病叫做山毛榉叶病。一篇关于该疫病对欧洲森林影响的综述“欧洲植物疫病与自然生态系统研究进展”（*Recent developments in Phytophthora diseases of trees and natural ecosystems in Europe*）于 2006 年发表在《林木疫霉病研究进展》（*Progress in Research on Phytophthora Diseases of Forest Trees*） 上，http://www.forestry.gov.uk/pdf/Phytophthora_Diseases_Chapter01.pdf/$FILE/Phytophthora_Diseases_Chapter01.pdf。

第 10 章

如果看起来像只鸭子，叫起来也像只鸭子，它会是一头原牛吗？

据说，在 1945 年苏联红军逼近柏林时，德国的帝国元帅赫尔曼·戈林（Hermann Göring）走出了卡琳宫，亲手射杀了自己所有的“牛”，以防它们落入苏联人手中。面对战争的必然失败，戈林处理善后事宜的优先级是我们常人难以理解的。在戈林的心中，最先处置的是雅利安种族最优秀的代表——拥有雅利安血统的牛，而非拥有雅利安血统的人类。戈林坚信，他饲养的牛是原牛[1]。

1.5 万年前，冰河期接近尾声，随着厚厚的冰川消融后撤，落叶林开始生长，并覆盖了欧洲的大部分土地。起初形成的落叶林并不稠密，它们更像是零星散布的小片树林，其间有着开阔的空地和小块草原。当时的欧洲大陆动物种类繁多，以瑞典南部为例，有小型猛犸象、大角鹿、麝牛、野马、欧洲野牛，以及体型壮硕的原牛。

和其他许多瑞典人一样，我认识的第一头原牛，就是以石器时代为背景的经典童话《海登海狮家庭》(*The Hedenbös Children*)里那个毛茸茸的可爱小牛犊穆拉(Mura)。事实上，真正的原牛要比这可怕得多。欧洲各地的原牛体型不尽相同，最大的原牛出现在斯堪的纳维亚半岛南部和德国北部。公牛的肩高可达 1.8 米，体重达 1.5 吨。母牛体型相对较小。原牛的牛角长达 1 米，色泽浅亮，尖端呈深色。它们的被毛粗短，公牛以棕黑色为主，母牛则偏红棕色。

随着冰川的消退，人类的活动范围在欧洲大陆扩张开来，狩猎的本领也迅速提高。猛犸象和大角鹿很快消失，但原牛和欧洲野牛幸存了下来。几千年后，在今天的土耳其和巴基斯坦，甚至北非地区，人类和海登海狮家庭一样，开始驯化原牛。由驯化后的原牛衍生出的两三个谱系是所有家牛的祖先。驯化后的原牛体型变小，性情变得温顺，性成熟时间缩短，因此能更早、更频繁地产育牛犊。经过长期的选择性育种，如今的家牛生长速度快且产奶量多。但相比于祖先，它们面对狼群的防守能力以及面临严冬的御寒能力都要差很多。

随着时代的发展，欧洲大片的森林地貌逐渐被城市和农田取代，这也迫使野生原牛向更为偏远的地区迁移。13 世纪时，原牛只存在于东欧的几个国家和地区：波兰、摩尔达维亚、立陶宛和特兰西瓦尼亚地区（今罗马尼亚西部）。到了 16 世纪，只有在波兰还能见到原牛的踪迹 [2]。当时的波兰国王下令，农民有义务提供足够干草帮助原牛过冬；狩猎原牛由贵族特权缩小为皇室专权；盗猎原牛者会被处以死刑。1564 年的调查显示，波兰境内仅存 38 头原牛。尽管保护力度一再加大，但原牛的数量仍持续减少。最后一头公牛死于1620年前后，它的角被制成号角，作为礼物赠予波兰国王齐格蒙特三世。如今，它作为瑞典军队掠夺回的战利品，陈列于斯德哥尔摩的皇家军械库博物馆[3]。

世界上最后一头原牛（母牛）死于1627年。由此，原牛成为人类记录在册的第一个灭绝物种。直到约40年后，人类才记录下第二个灭绝物种——1662年在毛里求斯灭绝的渡渡鸟。尽管原牛在许多档案和文章中都有提及，但关于它的记忆几乎已经消失。18世纪，当时的学界曾经讨论过，已经消失的原牛和仍可见于波兰森林的欧洲野牛是否为同一个物种，甚至还有人质疑，原牛是否真的存在过。

欧洲野牛和原牛的命运轨迹有着很多相似之处。直到第一次世界大战前，欧洲野牛在波兰森林里始终保持着野生状态。波兰被德国占领后，德国士兵在森林里大开杀戒，射杀了超过600头野牛。1927年，盗猎者射杀了最后一头野生的欧洲野牛，在世界各地的动物园中人工饲养的欧洲野牛也只剩下50头左右。于是科学家开始启动人工配种计划，欧洲野牛的数量得以恢复，其中一部分被重新放归到波兰和其他几个国家的森林中。差不多就在最后一头野生野牛消失前后，科学家们开始对已经灭绝的原牛产生兴趣。

20世纪20年代初，从事动物学研究的一对德国兄弟——海因茨·赫克（Heinz Heck）和卢茨·赫克（Lutz Heck）萌生了复活原牛的梦想。他们的灵感来自古老的绘画和欧洲湿地内发现的巨大原牛骸骨。兄弟俩分别在德国的两所动物园担任园长。他们决定尝试复活原牛这一物种[4]。

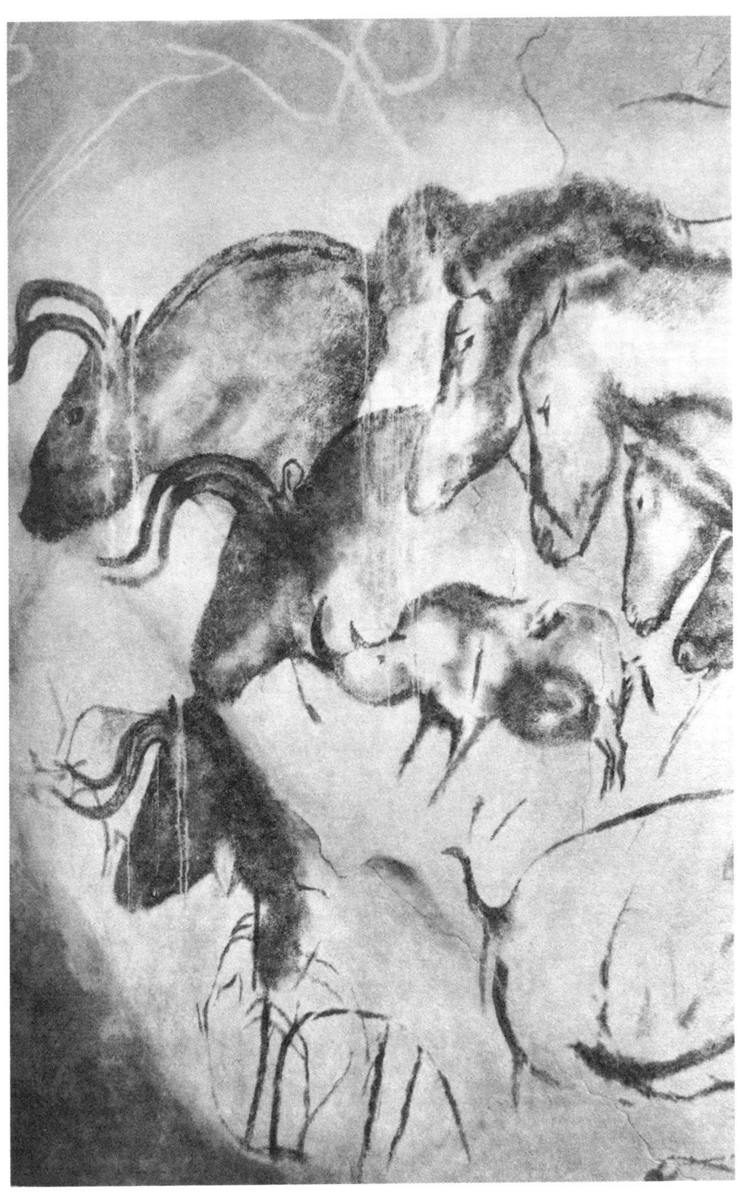

法国肖维岩洞（Chauvet Cave）内的原牛壁画，距今约3.1万年。（图片来源：Wikimedia Commons）

他们的方法简单且合乎逻辑。由于现存的所有家牛都是原牛的后代，因此小牛犊的遗传物质内一定还保留着原牛的特性。他们唯一需要做的就是将携带这些特性的遗传物质挑出来。20世纪20年代，与血统和种族有关的一切在欧洲都很热门，瑞典也于1922年在乌普萨拉市创立了种族生物学研究所。基因和遗传学的概念在当时仍属新生事物，孟德尔所发现的生物特性遗传规律直到1900年才被广为接受，而DNA分子链更是到1953年才被发现。那是一段学术热情高涨的时期，但和今天相比，遗传学领域仍有大量知识空白。

赫克兄弟决定各自展开育种实验，选取他们认为最具原牛特性、最接近祖先的欧洲种牛进行交配。实验目的是排除亚种进化出的其他特性，培育出最为纯种、最为原始的原牛。这相当于人为进行提炼浓缩，过滤掉历经1万年的自然变异。赫克兄弟选用了大量研究对象，从长毛的苏格兰高地牛到骁勇的西班牙斗牛，都被引入实验中。1934年，兄弟俩同时宣布，他们成功培育出了各自的原牛品种。在大家的期待中，他们骄傲地展示出各自的成果。根据相当一部分资料显示，赫克兄弟分别培育出的原牛差异明显，但他们对此似乎并不在乎。

希特勒当选为德意志第三帝国元首后，立刻被纳粹党所谓的育种计划吸引，声称要重现欧洲祖先最为尊贵和伟大的血统。卢茨·赫克被任命为第三帝国林业部主管，提出了打造“纳粹牛”的宣传口号。当时身兼军政要职的纳粹党人赫尔曼·戈林对纳粹牛项目尤其热衷，他在私人领地内圈养了大量的“赫克牛”，圈养地包括今属波兰的狩猎场和卡琳宫——一座位于柏林以北的奢

瑞典南部斯科讷省的赫尔市郊有一个动物园，里面圈养着一小群赫克牛。培育赫克牛的初衷是为了再现原牛这一古老物种，但今天的科学家并不认为实验是成功的。

瑞典南部的原牛体型庞大，肩高可达 1.8 米。这具公牛骨骸发现于斯科讷省，现存于隆德大学的动物学博物馆中。

华庭院，为纪念他已逝的瑞典妻子卡琳而建。

德军在战场上节节失利，也为赫克兄弟培育的原牛带来了灭顶之灾。其中一些原牛被纳粹分子射杀，为免落入苏联红军手中；还有一些死于战乱。卢茨·赫克培育出的品种全部覆灭，而海因茨·赫克的一部分成果则在动物园和自然保护区幸存了下来。如今，世界上约有 3000 头赫克牛的后代。它们的利齿能够抑制植株过度生长，保持开阔的景观，因此很适合在自然保护区内放养。它们的耐受性强，在野外生存毫无障碍。瑞典斯科讷省赫尔市郊的动物园内就生活着这样一小群赫克牛。

20 世纪 50 年代，赫克兄弟培育的原牛开始遭到广泛质疑。科学家们一致认为，纳粹所做的并非复活原有物种，而是杂交出了一个新物种。相比真正的原牛，新“复活”的牛体型太小，毛皮的颜色和牛角的形状都不对。不过这并不能代表关于原牛的梦想已经破灭。

“我希望，在欧洲广袤的自然保护区内，能够重新见到成群的原牛奔跑。”负责“乌鲁兹项目”（Uruz）的亨利·柯克迪克－奥腾如是说[5]。这个项目的名称来源于古日耳曼语中的原牛一词。实际上，亨利的项目和赫克兄弟的实验并无本质区别，只不过摒弃了纳粹关于欧洲雅利安高贵血统的谬论，并且借助了现代遗传学知识，以期获得更好的结果。

亨利是一名历史学家，成长于荷兰郊区，自幼喜欢和牛有关的一切。此外，他对非洲及其丰富的动物资源怀有浓厚兴趣。他兴致勃勃地描述了人们在野生动物园里能见到的一切动物，以及它们对自然风貌的决定性影响。他希望欧洲能拥有更多种大型动物，甚至能与非洲大草原媲美。他努力将各方面因素结合在一起，以确定研究方向，他的一个研究项目就是培育新的原牛。

“在我看来，这是件一举两得的事。我们在复活已失去的物种的同时，也可以还原生态进程。原牛属于大型动物，它们对欧洲的自然环境产生过巨大影响，就像大象在大草原上的作用一样。”他说。

不同于其他大部分复活灭绝物种的项目，亨利对于遗传分析并不特别在意，换言之，他并不认为新打造的原牛必须携带和原始原牛完全相同的基因。

“现在的问题在于，无论怎么费劲分析遗传物质，我们都无法确定，哪些基因决定哪些特征。我也很想信心十足地说，‘把这种牛的牛角基因提取出来，植入那种牛的体内。’可现在还做不到。我们无法找出和动物的各项特征一一对应的基因或基因组片段。”他说。

“我们希望为 21 世纪打造一头原牛。”他补充了一句。

这句口号在我看来未免有些夸张，因此我无法毫无保留地相信它。亨利认为，最重要的是新物种能适应今天的环境，符合原牛的外貌体征，它不必是已灭绝原牛 1∶1 的复制品。他说，目前他们有计划对新打造出的物种进行遗传分析，并与原牛骸骨中的生物信息进行对比，但结果如何并不是最关键的。

相比之下，外形的相似度更为重要。亨利为乌鲁兹项目筹措资金的方式之一，就是以“生态野味”为标签，打造出的原牛将被宰杀并出售。这样，牛的形态就很重要了。亨利解释说，顾客会希望自己购买的，的的确确是原牛的肉。“新原牛”的活动范围比已灭绝的原牛要小一些，更接近于普通的家牛，因此可以圈养。牛肉销售将会伴随整个育种过程，不具有目标特征的新原牛将被宰杀，与其他肉类一起出售，而携带目标遗传基因的牛犊将会作为种牛，继续用于实验。

当我问起育种过程的具体细节时，亨利明显来了精神，开始谈起其他品种的牛，包括它们的特征以及它们能够为新原牛做的贡献。亨利告诉我，在整个欧洲，牛的品种极其多样，他们已经选定了 4 个品种，它们的结合，能够赋予新的原牛足够庞大的体型、足够长的牛角、正确的毛色以及野外生存的高度耐受性。

亨利和他的项目同样面临竞争。他绝不是唯一一个怀有复活原牛梦想的人，乌鲁兹也不是他的第一个项目。目前，有大量项目围绕复活欧洲原牛展开，采用的技术和方法各不相同。唯一一个借助先进基因技术的是由几位波兰科学家组成的科研团队，他们希望从博物馆的原牛骨骼中提取出遗传物质，并且以此为基础复活该物种。这一想法和乔治·丘奇打造猛犸象的思路一致。

另有几个项目则以赫克兄弟的研究为基础。其中最具代表性的是始于 1996 年的“德国金牛座项目”（Taurus），科学家将赫克牛与其他种类的牛进行杂交，繁衍出的后代分布在丹麦的野沼泽自然环境保护区和匈牙利的一所公园内。

“荷兰金牛座项目”（Taorus）虽然与德国金牛座项目名称相近，但彼此完全独立。荷兰的科学家完全复制了赫克兄弟的方法，将 8 个不同品种的牛进行杂交，最终培育出了新的“原牛”。第一代杂交牛犊已经出生，在欧洲好几处地方都育有该杂交品种的种群。

亨利最初参与的就是荷兰金牛座项目，但他对于杂交品种过多产生了质疑，因而选择退出，启动了自己的项目。亨利告诉我，荷兰科学家甚至将长毛的苏格兰高地牛列入育种备选，这让他最终决定离开。

“它们个头矮小，毛又长又软，和我们理解的原牛差了十万八千里远。就这个项目而言，苏格兰高地牛可以说是最糟糕的杂交备选品种。”他的话直白而尖锐。

很显然，亨利对原牛的打造持有坚定而鲜明的看法，这也促成了他创办自己的乌鲁兹项目。他们走的是极简路线，只选用 4 个品种进行杂交，从而避免出现过于庞杂的遗传多样性。亨利解释说，杂交品种太多会带来一个问题——杂交出的个体或许在外观上接近理想，但也不可避免地携带了不必要的基因。这会导致在繁衍出的后代中总会有小牛犊表现出错误的特性，同时，过多品种的杂交后代也缺乏足够的遗传稳定性。

“比如，我们永远不知道赫克牛的后代会长成什么样子。因为它们基因库里的基因太多、太杂了。”亨利说。

亨利表示，大家应该很快就能看见一头拥有原牛外形特征的小牛犊，但这还远远不够。他认为，育种应该由两部分组成：一部分是收集正确的基因和突变，使后代能够具备原牛拥有的一切特性；另一部分是困难所在，育种还要过滤那些不需要的特征。他认为其他项目的失误之处正是没有过滤掉非目标特征。

亨利的原牛以意大利契安尼娜牛（Chianina）作为育种基础。契安尼娜牛是世界上体型最大的牛，它们和原始的原牛一样高大魁梧，令人震撼，只是被毛并非深褐色，而是柔和的奶白色。契安尼娜牛的角很小，亨利打算利用非洲瓦图西长角牛（African Watusi Cattle）的牛角基因对此进行改造。瓦图西长角牛拥有一对又粗又长的雄壮牛角，就像牛排连锁店 Texas Longhorn 招牌上画的那样。进行杂交的另两个品种分别是原产意大利托斯卡纳的玛雷曼纳牛（Maremmana）和原产西班牙萨莫拉省的赛阿戈牛(Sayaguesa)。

成功培育出具备理想外形和特性的品种后，接下来要做的就是将新的原牛牛群放归西班牙和罗马尼亚的国家公园，让它们独立生存繁衍。按照计划，人们会在一段时间之后有针对性地进行捕猎，一方面控制原牛种群的数量，一方面阻止非原牛特性的基因扩散。

我个人认为，外形上的相似固然重要，但要让它们能够在野外生存，难点应该在于如何赋予它们原牛所具备的特性。不过，亨利坚持认为，这个问题没有想象的复杂。他相信，只要我们将新的原牛放归野外，它们自然能够适应。

“之前有过先例，人们将一群牛——普普通通的一群牛——送到苏格兰的一个小岛上。10 年后，人们回到岛上时，已经无法再接近它们。它们极具攻击性，只用了 10 年时间就恢复了野牛的特性。”亨利说。

为了再现原牛的行为特征，他还考虑将其他品种的牛纳入育种计划，包括能够抵御狼群攻击的葡萄牙玛劳牛（Maronesa)。

“我们希望新的原牛能够在外形方面做到百分之百的还原，同时又能承担起生态方面的作用。因此，我们和西班牙南部的国家公园达成了合作意向，放生一定数量的原牛和野马。我们还联系好了罗马尼亚的两个国家公园、西班牙北部的一个国家公园，以及德国的几处自然保护区。”他说。他们的想法是进行半野生放养，在一个相对受到保护的环境中，让新的原牛学会和其他大型动物共同生存。

“复活原牛不仅仅关乎物种的延续，同时对生态环境也有重大意义。”亨利表示。

这一观点仍有待观察验证，但在英格兰北部的一座美丽城堡中，我们或许能找到一部分答案。切宁纳姆城堡被誉为英国最灵异的城堡，据传说里面有不少幽灵出没，其中最有名的是一个飘浮在半空，闪着荧光的蓝衣小男孩。除了可怕的幽灵，切宁纳姆城堡还有一种更为有趣的可见财产——牛。

从中世纪开始，就有一大群牛生活在城堡旁的一片围场内，近 300 年来，它们一直在种群内部交配繁殖。尽管是严重的近亲繁殖，但这群牛似乎完美避开了一切可能的遗传问题。由于完全处于野生状态，它们已经进化出大量有别于其他牛群的独特特征。这一事实大概能支持亨利的假设。相比驯化过的家牛，切宁纳姆城堡的牛表现出了更多的社会行为，比如，更喜欢通过哞叫交流。牛群中甚至发展出一种等级结构：最为强壮有力的公牛是处于主导地位的首领，成为所有牛犊名义上的父亲。其他年轻的公牛受到排挤，始终处于边缘位置，直到其中的佼佼者勇敢地站出来，打败首领并取代它，成为下一任领导者。不过，切宁纳姆城堡的这些牛不用面对任何威胁，它们不会遭到人类或猛兽的猎杀，自然也不需要考虑自身和牛犊的安危[6]。

由此我们发现，放生原牛还有一个潜在的严峻问题。如果按照亨利的计划，将其中一些原牛放养到不同的自然保护区，由于人类和其他猛兽的出没，半野生的原牛肯定会进化出另外一些特性。它们会不会突然开始对人类产生攻击性？或者出于保护牛犊的本性，用粗大的牛角冲撞好奇的访客？又或者，它们在错误的时间错误的地点突然死去，从而产生出乎意料的后果？

对于我这样一个连家牛都害怕的人来说，要是去森林散步时，迎面撞见一头肩高 1.8 米的原牛，肯定吓得魂飞魄散。赫克牛就曾出现攻击性过强的问题，当然这和海因茨 · 赫克引入西班牙斗牛进行杂交不无关系。尽管乌鲁兹计划不涉及任何易怒或好斗的品种，亨利还是清醒地意识到存在攻击性的风险。他表示，由他培育的原牛必须能和人类和平相处。

“如果放养地选在荷兰或德国，原牛一般会被安置在小片自然保护区内。人们常会带着孩子步行游览，要是儿童被原牛误伤，我们的项目也就不用做了。”

我觉得他明显低估了原牛的破坏力。

亨利认为，培育出新的物种进行人工饲养无异于一种资源浪费行为。他的目标是恢复欧洲最原始的自然生态，还原冰河时期之后拥有多样物种的草原和森林。他说，原牛是其中不可或缺的一部分，它们通过啃食植被改变周围环境。从这个意义上说，亨利的理念和本打造旅鸽的初衷一致，通过放生新版本的古老动物来改造目前的自然环境。

亨利管理着一家名为“真自然基金会”(True Nature Foundation)的组织，旨在通过引入原牛、马匹和水牛等物种，让欧洲的自然环境变得更具野性[7]。由于农业日渐式微，欧洲的大片土地荒废，基金会的目的是使它们转型成为自然保护区。

亨利的话始终围绕这几点展开：如何将原牛放归野外，如何让它们适应欧洲的自然环境，如何利用它们重建更具野性的生态环境。

“我们可以利用原牛这个工具，还原自然最原始的样貌。”他说。

如果看起来像只鸭子，走起来也像只鸭子，叫起来还是像只鸭子，那它有可能是一头原牛吗？相比我接触过的其他科学家，亨利更加务实，同时也更像一个梦想家。他喜爱牛，对失去的自然拥有怀旧情结。而谈及原牛时，他又显得诚恳实际：他所培育的原牛必须是能适应自然的鲜活生命，而不是关在动物园供人参观的样品和标本。

原牛并不是由生物学家育种培养的唯一物种。2015年，南非的科学家宣布他们已经成功复活斑驴。斑驴因其叫声得名，是斑马的近缘物种，只有身体的前半部长有条纹。最后一头斑驴由于人为因素死于19世纪80年代[8]。

复活斑驴的尝试始于1987年，南非自然历史学家莱因霍尔德·拉乌（Reinhold Rau）对普通斑马进行育种，以期繁殖出接近斑驴的后代。近30年后，一小群貌似斑驴的动物已经自由奔跑在开普敦附近的草场。项目负责人埃里克·哈利（Eric Harley）在接受美国有线电视新闻网（CNN）采访时表示：“如果人类能够复活动物，或者说，复原动物的外貌体征，那么至少也算弥补了一些过错。”按照计划，这批新的斑驴迟早会放归自然。

我对斑驴的项目并不感到意外，通过育种改变动物的外形算不上新闻。问题在于，原牛和斑驴之间的区别到底有多大？毫无疑问，相比赫克兄弟的成果，亨利培育出的新原牛更接近原始的原牛。既然合作协议已经谈妥，这批新原牛也肯定会被放归自然保护区。

这一章的内容并不好写。以赫尔曼·戈林开启话题，以牛，而非人类作为对象，探讨分类、起源和育种，依然显得复杂而艰深。究竟应如何看待这些新原牛？这是一个悬而未决的问题。50年后的人们回看这一切时，仅仅是将它们视为赫克牛的同类——杰出科学家的实验成果，还是会认可它们作为复活物种的价值和意义呢？[9]

注释

[1] 赫尔曼·戈林射杀赫克牛的故事来源于荷兰学者克莱门斯·德里森（Clemens Dressen）关于德国动物学家赫克兄弟的研究，他曾撰写论文"回溯原牛育种：赫克兄弟、国家社会主义和非人类生存空间的想象地理"（*Back-breeding the aurochs: the Heck brothers, National Socialism and imagined geographies for nonhuman Lebensraum*），收录于芝加哥大学出版社于2016年出版的《希特勒地理》（*Hitler's Geographies*）一书。

[2] 更多关于波兰原牛的历史可参见以下论文：Rokosz M. History of the aurochs (Bos taurus primigenius) in Poland[J]. Animal Genetic Resources/Resources génétiques animales/Recursos genéticos animales, 1995, 16: 5-12. http://journals.cambridge.org/action/displayAbstract?fromPage=online&aid=8280392&fileId=S1014233900004582.

[3] 斯德哥尔摩皇家军械库博物馆关于原牛角战利品的介绍可参见：http://livrustkammaren.se/sites/livrustkammaren.se/files/medlemsblad203620juni2020111.pdf

[4] 赫克兄弟打造原牛实验的概况，包括兄弟俩对实验结果予以认可的摘要，可参见：《原牛的历史、形态学和生态学》[*History, Morphology and Ecology of the Aurochs (Bos primigenius)*]，http://members.chello.nl/~t.vanvuure/oeros/uk/lutra.pdf。

[5] 亨利·柯克迪克－奥腾在2013年4月发表了关于乌鲁兹项目的TED演讲“用原牛和其他物种重建欧洲野生生态”（*Restoring europe's wildlife with aurochs and others*），https://www.youtube.com/watch?v=Obo9odbGOYU。

[6] 关于切宁纳姆城堡牛群的文章：Visscher P M, Smith D, Hall S J G, et al. A viable herd of genetically uniform cattle[J]. Nature, 2001, 409(6818): 303. https://www.nature.com/articles/35053160.

[7] 真自然基金会主页：http://www.truenaturefoundation.org。

[8] 关于斑驴的论文：Heywood P. The quagga and science: what does the future hold for this extinct zebra?[J]. Perspectives in biology and medicine, 2013, 56(1): 53-64. http://muse.jhu.edu/article/509324.

[9] 2018年伊始，涌现了大量育种项目——不同品种正在融合，小牛犊正在不断出生——但还没有一个项目宣布他们已经培育出了“完美”的原牛。关于这方面的新闻有一个博客做得很棒，具体可参见：http://breedingback.blogspot.com。

第11章

富有野性的欧洲

在瑞典斯科讷省赫尔市郊的动物园里，体型硕大的公牛和母牛信步游走，那景象着实令人震撼。它们有着厚重粗大的牛角，卷曲的深色皮毛在春日的阳光下泛着光泽。它们肌肉发达，肩背浑厚，身体几乎呈矩形，肩高惊人。这些牛是赫克兄弟在20世纪初的实验产物。我本人当然是惧怕牛的，可它们圆睁的大眼睛和额前的卷毛看着又很迷人。由于独特的背景渊源，这个品种不免遭到人们的抵制。

“我不知道人们会不会觉得，这些牛也是纳粹或是纳粹的拥护者？就我观察，它们并没有高呼‘希特勒万岁’。”丹麦生物学家乌夫·约尔·索伦森（Uffe Gjøl Sørensen）开玩笑说，语气中不无讽刺。

他曾在日德兰半岛北部的野沼泽自然环境保护区担任顾问[1]，从2003年起，那里就有一群所谓的“野牛”，以半野生的状态生活在围场内。乌夫介绍说，由于排除了人为干预，它们已经开始表现出一些野生动物的习性。乌夫已经不再参与该项目，但前段时间，他刚巧去了趟自然环境保护区，顺便对围场内的野牛进行了回访。

“我悄悄走进去，站在一棵树旁边。当时牛群正开始向树林边缘——也就是我所在的方向移动。领头的是一头母牛，就在牛群距离我 50 米远的地方，领头的母牛突然嗅到了我的气味。她立刻停下脚步，站在原地一动不动地盯着我。整个牛群跟着她停下来，谁都不再往前走一步。我试图从另一个角度靠近它们，拍摄一些照片，但牛群立刻调转方向离开了。它们极其机警小心，不愿让陌生人接近。看到它们表现出这种野性和本能，着实让人欣慰。”他说。

这一小群牛来自我之前提到的德国金牛座计划。科学家尝试继续赫克兄弟的实验，将赫克牛和其他种类的牛杂交，以期得到更接近原始原牛的后代。乌夫说，这些牛群被放归自然后，仅仅两年的时间就对自然环境产生了肉眼可见的影响。

“放归它们的围场本来已经杂草丛生，牛群的到来使得整片区域开阔了许多。我在回访的过程中发现，里面已经开始形成相对湿润和相对干燥的区域。湿润区域内栖息了大量水鸟，还有许多美丽的蝴蝶。自然环境的明显改观，以及生态多样性的丰富，都要归功于这些牛群。”他说。

乌夫希望，在赫克牛以及其他食草动物的共同作用下，斯堪的纳维亚半岛南部能够重现石器时代的落叶林生态景观。它们并不是专业的林业学家期待的那种落叶林——树木丛生，郁郁葱葱，而更像是形态多样的自然公园地貌。其中有树林、湿地，也有草甸，绝大部分区域是平坦开阔的草原，周围有密不透风的树林。

河流和溪涧穿流其中，或汇集成汩汩清泉，或注入湿地。大自然本来的面貌究竟如何，目前仍是学界争论的话题，然而有一点科学家们已经达成共识——落叶林和大型食草动物一定是其中不可或缺的两个因素。

乌夫认为，我们应该尝试恢复这种拼嵌式的自然景观。他希望看到不同树龄和种类的树木，开阔的草地和充足的水源，这些水源能够促进树木生长，改变湿地的形态，也能形成河道和溪流。

“我们失去的正是这种生态的多样性。很多人都想象不出它本来的模样。我们距离最原始、最本真的自然已经太远太远，甚至不明白自然究竟意味着什么。”他说。

根据乌夫的说法，包括原牛和欧洲野牛在内的大型食草动物，对这种地貌的形成具有决定性作用。因此，复活和重现工作很有必要。

“大型食草动物是多样性景观的创造者，也是我们所缺乏的一种生态资源。可以非常肯定地说，如果它们能够复活，将会为我们的自然注入非凡的活力。我曾主持过一次关于大型食草动物的演讲，题目是‘难以相处，然而不可或缺’。这句话来自一首丹麦诗歌，本意是描写女性的，我借用它来形容人类和食草动物的关系。”他说。

乌夫解释说，“难以相处”指的是和这些动物共处极具挑战性。它们庞大而沉重，一旦发生肢体碰撞，就好比遭遇车祸一样可怕。它们对所处的自然环境，以及共同生活的人类都有很高的要求。鉴于种种困难和挑战，乌夫认为，它们必须栖居在自然保护区内。

“这样做的目的并不是为了圈禁它们。它们有充分的自由，只不过活动范围必须受到限制。”乌夫说。

我完全赞同他的观点。在围绕放归问题展开的激辩中，存在另一种声音，认为这些动物应该被彻底放生，成为欧洲生态系统中完全野生的一部分。现在的欧洲是否具备相应的条件，我个人深表怀疑。不过，对于郊野乡村丛生的杂草，半野生的大型食草动物或许能够起到一定的改善作用。

这些动物带来的最大好处是，一旦被放归，它们就能显著改变当地的自然环境。乌夫说，尽管在整个过程，可能会经历衰退阶段，但这些改变是重要且必要的。他认为，如今丹麦和瑞典的自然保护陷入了一种类似集邮式的僵化状态，人们要求所有东西必须年复一年地保持一致，不得减少。

他说，请想象一下你有一块草地，上面长有一种珍稀的兰花。今年夏天，你出去数了数，发现开出了 171 朵花，那你肯定希望明年夏天也有 171 朵花。可引入食草动物后，它们会啃食草地上包括兰花在内的所有植株。到了明年，可能只剩下 10 朵兰花，甚至一朵不剩。那景象看上去一定很惨淡。不过别忘了，兰花是可以适应这种情况的。所以，再过几年你会发现，草地上不仅开出了比从前更多的兰花，还冒出一些从未见过的奇特植株。

“我们必须将目光放得长远一些，要看到若干年之后形成的一种动态稳定。这种动态稳定是经过了长期各个方面的大量变化的累积逐步塑造而成的，自然景观持续不断地重新构建，最终呈现出多样化的状态。”乌夫说。

乌夫认为，对 171 朵兰花一个都不能少的执念和自然保护工作者的不安全感息息相关。他们目睹了太多物种的消失和环境的恶化，难免会格外敏感和紧张。

“正是因为这些特别在意兰花数量的人，丹麦的自然环境才能安全无虞。这些年来，我们的主导原则始终是：为你所钟爱的而奋斗。多亏大家的辛劳和努力，今天我们还能拥有值得保存和珍惜的自然。但现在我们可以走得更远一些。应该开始思考，我们想要的究竟是怎样的自然。”他说。

乌夫进一步解释说，欧洲森林的重建是一个漫长的过程，如何更好地利用食草动物要讲究技巧。比如，将食草动物引入一片树木尚未成形的区域，它们会本能地啃食掉所有树苗和嫩芽，根本不留任何机会；将食草动物引入长满参天大树的森林同样达不到效果，因为——按照他的说法——这些动物并不善于攀爬，无法吃到树上的枝叶。因此森林的生态不会发生太大改变。

“如果能在同一片区域引入多种不同的食草动物，那将会是一个很有趣的尝试，因为每种食草动物影响自然的方式都不一样。而这正是构成自然多样性的基础，一段时间之后，人们会突然通过花朵、鸟兽和昆虫注意到，大自然已经发生了微妙的改变。”他说。

通过引入少量物种，让它们将自然重塑成更富有野性、原始的形态，从而实现整个生态系统的重建，这一理念在近十几年变得相当受关注。这就是所谓的“野化”(rewilding)。目前在世界范围内，已经涌现出一大批据称围绕“野化”展开的项目[2][3]。在夏威夷的一处自然保护区内，以食草为主的夏威夷黑雁因为狩猎尽数消失，人们不得不引入植食性陆龟作为替代。人们希望这些陆龟能像夏威夷黑雁一样啃食入侵的杂草，保护原有植被。不过，这一试验性方案的效果尚不明确。

在瑞典，曾经灭绝的海狸和野猪已经再度回归，并且在自然中发挥了巨大的作用。20 世纪 20 年代，瑞典从挪威引入海狸，它们不断繁衍，后代数量已经达到可供狩猎的程度，啃断树干、建筑堤坝、阻塞溪流这类“杰作”也越来越常见。18 世纪，生活于野外的野猪在瑞典灭绝，20 世纪 80 年代，随着一小批圈养的野猪逃出围场，这一物种也正式宣告回归。野猪的数量急剧增加，就在我写作期间旅居的斯莫兰省的森林里，人们就常常能看见土地被野猪拱过或刨过的痕迹。这一物种显然已经开始影响自然，研究表明，野猪深挖和翻刨土地有益于濒危植物的生长。但与此同时，野猪也造成了每年数千起的交通事故。想到它们凶猛的外形和尖利的牙齿，很多人不免对森林漫步心生畏惧[4]。

野化欧洲组织（Rewilding Europe）希望借助马匹、野牛和鹿的力量，将荒废的农田重建为野生自然。这一项目主要在欧洲南部和东部展开，目前已经选定 5 处地区作为试验点。野化欧洲组织强调，野生自然对于游客有着巨大的吸引力，能为西班牙、克罗地亚和迦太基山脉等人口稠密的地区带来丰厚的经济效益。由于对欧洲可野化土地面积的过高估计，该组织也饱受批评。不过，排除这些争议因素，欧洲的农业用地正在减少，森林面积正在增加，这也的确是事实。法国就是一个典型的例子。野化欧洲组织因此宣称，现在正是重现欧洲野化自然的大好时机。

2014 年 5 月，野化欧洲组织将 17 头欧洲野牛放归罗马尼亚境内的喀尔巴阡山脉。最终目标是它们能够完全野化，彻底脱离人工饲养。按照计划，在未来 10 年里，野牛的数量将增长到 500 头。其中大多数的欧洲野牛都是从瑞典引进的，来自科尔莫登动物园和阿沃斯塔野牛公园，放生行动也得到了瑞典博彩机构的资金支持。在放生的第一年里，这些欧洲野牛暂时栖居在围场内进行过渡，到了 2015 年 6 月，围场栅栏打开，标志着欧洲野牛完全获得自由。就在同一时期，欧洲野化组织还从金牛座项目购入了一批原牛，和马群一起迁入克罗地亚某地的围场，通过啃食植被的方式影响当地的自然环境[5]。

某些野化行动的构想和方案看起来有些匪夷所思。美国的科学家正在讨论，是否有可能从非洲引入大象和骆驼，以替代 1 万年前灭绝的大型动物。他们的理由是，由于美国本土已经无法找到这些动物的近缘物种，引入外来替代者是重建原始生态的唯一方式。在丹麦，科学家尝试将马戏团大象放归自然保护区内的围场，观察经过一段时间后它们会对自然产生怎样的影响。最理想的结果是，它们能像曾经栖居丹麦和瑞典森林的猛犸象一样，在生态系统中发挥作用。

野化究竟是不是一个好主意？这一办法是否可行？围绕这些问题，全球的生物学家展开了大范围的讨论。反对派最集中的观点是，野化项目的结果并非大自然旧貌的复原，而是崭新的重建。在各类项目中，人们对于达到预期效果要用多长时间也没有达成确切共识。另外也有人质疑，人们在试图引入动物或者预判未来时，往往出现偏差和失误，而且有愈演愈烈的趋势。野化要达到的终极效果——例如通过复活原牛影响自然——成为反对的一方强烈抨击的靶子，因为这种效果几乎无法进行预估。

关于恢复欧洲原始生态的尝试，有一个项目可以作为讨论的范本。这一项目已经开展了相当长的时间，人们完全能对结果做出评判。

*

上千只动物在有溪水流经的草地上自由奔跑；成群的马匹咀嚼着青草，年轻的种马扬起前蹄，相互角力；公牛和母牛带着小牛犊，一小群一小群地低头觅食；鹿优雅地迈开长腿，向树林深处跑去；一只只水鸟在海岸边踱步，捕食昆虫；一头白尾海雕掠过天空，展现出矫健的身姿。

如此多的动物，不免让人联想到非洲大草原。其实，这画面来自荷兰中部的东法尔德斯普拉森自然保护区，一处填海形成的荒野[6]。在一部分人心目中，它是自然野化的成功范例；在另一部分人眼里，这是一次制造出大量不必要痛苦的失败尝试[7]。

让我们从头说起。弗莱福兰省位于荷兰中部，几千年以来，这里的大部分区域都处于海平面以下。20 世纪 30 年代，荷兰开始建造隔离海水的围堤，对该地区进行排水改造，直至五六十年代，开垦工作基本完成。如今，这里是欧洲最为肥沃的农业用地之一。20 世纪 60 年代末，荷兰政府从其中划出了 5600 公顷的土地，建立起自然保护区，并且正式启动了一项独特的生态实验——即在一片毫无陆地生物基础的区域内，重建欧洲石器时代的自然环境。

生物学家首先引入了赫克牛，替代已经灭绝的原牛，继而又从波兰引入了柯尼克野马，从英国引入欧洲马鹿。这些动物顺利地繁衍生息，种群迅速壮大。如今，这里已经成为一个大规模的旅游点，湿地生态吸引了大量观鸟爱好者，游客甚至可以乘坐吉普车深入其中，近距离观察大群的陆生动物。还有一对白尾海雕飞入了自然保护区，它们不仅成为数世纪以来在荷兰寄居繁殖的第一对白尾海雕，更被视作该区域成功创造“自我野化”环境的象征。

创建初期，自然保护区内共有 20 匹野马和不到 60 头马鹿，现在这两个种群的数量都已经超过 1000 头。赫克牛的适应性相对要弱一些，它们从最初的 32 头增长到了 350 头左右。它们明显无法与野马竞争，主要是因为母牛在冬季难以觅食。当然，到了冬天，自然保护区的许多问题都会突显出来。

一直以来，自然保护区都遵循着动物自我繁衍、不进行人为干预的基本原则。问题在于，自然保护区内缺乏食肉动物，这使食草动物数量激增。每到夏季，它们活跃在保护区各处，繁衍后代，而在整个冬季和初春时节，它们会由于食物匮乏而大量饿死。保护区的一些照片看来令人心痛：骨瘦嶙峋、步履蹒跚的马鹿由于无力涉水渡过浅滩失足溺亡；草地上堆积起数百具尸体，等待着食腐动物光顾。诸如此类惨况激起了民众的抗议，人们要求每年秋季射杀一定数量的动物，这样就不至于等到寒冬将它们推向死亡。

生物学家弗朗茨·维拉（Frans Vera）是建立自然保护区的倡导者之一，对于保护区的运营和发展拥有很大的影响力。他极其反对人为干预射杀动物的要求。他在许多采访中都强调，动物繁衍死亡的生命循环属于自然过程，人类不应该将自己的道德观念强加于动物。他还认为，食肉动物的出现是迟早的事。狼群正在由德国和波兰向欧洲其他地区扩散。他在保护区附近就曾看见过狼，只是保护区内暂未发现。

目前，自然保护区内的动物总数已经超过 5000 头，预计其中有 2000 头无法熬过下一个严冬。近些年来，荷兰政府已经决定射杀那些毫无生存希望的动物，反对派表示，这一姗姗来迟的举措让很多动物承受了不必要的痛苦。此外，科学家也在讨论注射避孕药物的可行性，通过降低繁殖率控制动物数量。

就在我写这本书的时候，围绕东法尔德斯普拉森自然保护区未来将如何管理、谁又该为动物及动物的福祉负责，荷兰民众正在进行激烈的讨论。我翻阅了荷兰报纸上大量相关的报道和文章，深感这是一个两难的问题。不同的政党对保护区有着不同的看法和愿景。到我落笔为止，未来的具体规划和举措仍不明朗，但很多迹象表明，保护区的管理方式将会发生颠覆性的改变。

“人类必须站出来，充当食肉动物的角色，我们不得不这么做。这个项目已经无法达到可持续性发展的要求。”乌夫说。在他看来，人为射杀自然保护区内的动物很有必要。人类必须按照食肉动物的标准进行选择，也就是说瞄准年老体弱或嗷嗷待哺的群体。乌夫表示，对于参观保护区的游客而言，这么做当然会引起争议——谁都不愿见到软糯可爱的初生幼崽或活蹦乱跳的小牛犊、小马驹被杀死，可这种选择更接近食肉动物的本能。

我接触到的所有科学家都表示，引入一些强有力的捕食者来猎捕这些大型食草动物是最理想的方式，但同时也最困难。

和承担狩猎角色的人类相比，捕食者的优势在于，它们不光能减少猎物数量，还会以多种方式影响自然。在美国黄石国家公园内，狼群甚至改变了河流的形态。20 世纪初，黄石国家公园内的狼因为遭到猎杀一度消失，约 20 年后，生物学家从加拿大引入一小群狼放归园区。

黄石国家公园内的大型鹿种——加拿大马鹿受到了直接的影响。它们不仅在种群数量上有所减少，并且变得更为警醒小心，似乎有意回避开阔的区域。这使得某些区域植被的啃食度加深，另一些区域则基本不受影响。树苗和嫩芽得以顺利萌发，长成灌木或树林后，它们的根系又影响了土壤。植被状况的改变使黄石国家公园内的河流形态也发生了变化。总体而言，生态环境逐渐多样化，吸引了更多鸟类和啮齿动物栖息繁衍，从而为猛禽、狐狸等动物提供了食物。

生物学家常常将黄石国家公园内的狼群做为典型范例，以此证明捕食者在食物链中的重要作用，以及大自然环环相扣的理想效果。另一方面，也有人对此提出反对意见，认为将自然保护区内相互作用和影响的各个级联效应简而概之，未免有失偏颇，还有人质疑，狼群对生态的改善究竟起到了多少作用[8]。

关注瑞典时事的人都知道，捕食者的出现并非没有隐患。只要有捕食者出现的地方——无论是由生物学家有意引入的，还是它们自己无意闯入的——都会引发类似的讨论。尽管狼群对自然起到了积极影响，但黄石国家公园依然面临同样的争议。大多数人很难接受附近有肉食动物存在，哪怕限制在一定范围内也不行。

对于进行中的各种野化项目而言，肉食动物同样是一个大问题。除了考虑到公众的接受度，更重要的一点是，一旦它们习惯了人工饲养的生活，改变了某些天性和行为，放养和繁衍将会变得困难重重。

尽管如此，欧洲的肉食动物数量还是创下了多年以来的新高。德国已经拥有相当庞大的狼群。在丹麦最后一头野狼被射杀近 300 年后，一头来自德国的狼进入丹麦境内。根据最新统计显示，如今丹麦已经拥有近 40 头狼，其中至少有两对孕育了后代。由于这些狼源自德国，乌夫开玩笑说，和瑞典的狼相比，丹麦的狼拥有更强大的基因和更丰富的遗传多样性[9]。

无论赫克牛、欧洲野牛或新原牛引入与否，欧洲大陆在近些年里的确变得更具野性。数十年来，随着农业用地的缩减，欧洲的森林版图重新扩大。这不仅包括具有林业价值的森林，即瑞典传统意义上的森林，还包括新一代野生原始森林——自生自灭，不受人为因素影响。

可以肯定的是，我们正在迎来更具野性的欧洲，同时也面临着随之而来的挑战和考验。

注释

[1] 乌夫 · 约尔 · 索伦森在 2003 年至 2010 年期间负责“野沼泽”自然环境保护区项目时的工作摘要可参见：http://naturstyrelsen.dk/media/nst/Attachments/Lille_Vildmose_anbefalinger_for_naturpleje1.pdf。

[2] 关于野化的可行性报告可参见：http://fof.se/tidning/2012/4/forvilda-europa。

[3] 彼得松（Pettersson）关于瑞典野化问题的毕业论文《“野化”瑞典？关于以野化为策略保护自然、惠及生物多样性的研究》（*“Återförvilda”*

Sverige? En studie av rewilding som strategi för att bevara kulturlandskapet och gynna biologisk mångfald)，2014 年春季学期研究学士学位论文，http://nordensark.se/media/1341/examensarbete-rewildinghannapettersson.pdf。

[4] 论述了森林内野猪效应的论文：Dück L. Ekologiska och ekonomiska konsekvenser av vildsvinens (Sus scrofa) återetablering i Sverige[J]. Independent Project in Biology, Uppsala University, 2013. http://files.webb.uu.se/uploader/271/BIOKand-13-025-Duck-Lovisa-Uppsats.pdf.

[5] 关于放归喀尔巴阡山脉的欧洲野牛，存在大量报道。
2014 年 5 月《卫报》（*The Guardian*）以“欧洲野牛的回归”（*Return of the European Bison*）为题，报道了第一次放归，http://www.theguardian.com/environment/2014/may/21/-sp-european-bison-europe-romania-carpathian-mountains；
2015 年 6 月，围场栅栏打开，欧洲野牛正式放生时，野化欧洲组织官方网站发布了题为“8 头欧洲野牛正在喀尔巴阡山脉南部的塔尔库山上漫游”（*8 European bison now roaming the Tarcu Mountains in the Southern Carpathians*）的报道，https://www.rewildingeurope.com/news/28-european-bison-now-roaming-the-tarcu-mountains-in-the-southern-carpathian；
2016 年 6 月，野化欧洲组织官方网站发表了关于克罗地亚引入金牛座原牛的报道“第二代金牛座原牛放牧于利卡平原”（*Second generation of Tauros now grazing in Lika Plains*），https://www.rewildingeurope.com/news/second-generation-of-tauros-now-grazing-in-lika-plains。

[6] “野性的呼唤”（*Recall of the wild*）是一篇关于野化和东法尔德斯普拉森自然保护区的报道，颇有意思，由伊丽莎白·科尔伯特（Elizabeth Kolbert）撰写，2012 年 12 月发表于《纽约客》（*The New Yorker*），http://www.newyorker.com/magazine/2012/12/24/recall-of-the-wild。

[7] “荷兰的自然实验项目以灾难收场”（*Holländskt naturexperiment slutade i katastrof*）是一篇关于东法尔德斯普拉森自然保护区问题的批判性报道，2012 年 9 月发表于《瑞典狩猎》（*Svensk Jakt*），http://svenskjakt.se/start/Nyheter/2012/09/hollandskt-naturexperiment-slutade-i-katastrof。

[8] 黄石国家公园内的狼群效应的报道可参见：http://www.yellowstonepark.com/wolf-reintroduction-changes-ecosystem。

[9] “研究项目揭示丹麦狼的机密”（*Research project reveals the secrets of the Danish wolf*）是一篇关于丹麦狼群的报道，2015 年 6 月发表于《哥本哈根邮报》（*Copenhagen Post*），http://cphpost.dk/news/research-project-reveals-the-secrets-of-the-danish-wolf.html。

第12章

天方夜谭

我们正位于西伯利亚的切尔斯基，一片宽阔清浅又错综复杂的水网环绕着研究站。随着水深越来越浅，尼基塔也驾驶得越来越谨慎。我们已经乘坐摩托艇行进了个把小时。尼基塔突然关闭发动机，跳进水里开始拖拽摩托艇。按照之前几次的经验，我猜测，我们可能驶入了一片沙洲，而且尼基塔肯定知道正确方向。他一个劲儿地拖着摩托艇往前走，过了一会儿，他对我说，现在我也得跳下来自己走了。

尼基塔上下打量了我一番，他看了看我的靴子和略显矮小的个头，说道："我来拿相机和你的背包。"事实证明，他的决定十分明智。刚开始，我贴在摩托艇一侧缓慢地向前挪动步子。"千万不要跳着走。"听见尼基塔的叮嘱，我本以为脚下会出现沙砾或碎石，没想到水底是大片大片的淤泥，它们紧紧粘住靴底，我完全失去了重心，河水从靴筒边缘涌了进来，靴子变得异常沉重。尼基塔穿着一双运动鞋，丝毫不在意双脚已经湿透。在他的帮扶下，我深一脚浅一脚地踩着探不到底的河床淤泥，涉水向岸边走去。

河岸长满了随风起伏的葱绿青草，仿佛一片可以任由你奔跑的无边草甸，远远望去美不胜收。实际上，它们是一簇簇 1 米来高的草丛，生长在腐烂的青草和草根之上，泛出一层明亮的绿意。每一簇草丛的直径大约 30 厘米，长得非常密集，形状仿佛一根鸡腿，给人一种头重脚轻，摇摇欲坠的感觉，根本无从穿越。它们一簇簇被隔开，似乎缺乏共同的支撑，可一旦试图拨开或踩踏其中一簇，其他的又会纷纷倒过来。草丛和草丛之间积满淤泥，有时只有 10 厘米深，但我的整只靴子常常完全陷进去，深棕色的黏稠液体直接漫过靴面。草丛顶端的草叶仿佛浓密的额发随风飘动，遮挡住了前行的视线。我尽量每一步都踩在草丛边缘，倒伏的草叶滑擦过靴底，让我看起来仿佛一个醉酒的人，东摇西摆，跌跌撞撞。

我的两只靴子都灌满了水，脚下不住打滑，只能用双手紧紧抓住摇摆不定的草丛稍作支撑。尼基塔将我远远甩在身后，他迈着稳健的步子，似乎感觉不到任何阻碍。我早已大汗淋漓，只能喘着粗气，磕磕绊绊地往前赶，根本顾不上挥手驱赶接连不断迎面而来的蚊子。

渐渐地，土地从一簇簇草丛间露出来，淤泥的质地由糖浆般的滑软变得像燕麦粥那样的黏稠。脚下稍微轻松了些，草丛也开始出现啃咬的痕迹。远处浮现出一个深色的身影，从轮廓可以判断，那是一头野牛。在它和麝牛以及一小群马的共同作用下，这片土地已开始向草原转变。我终于不用再紧紧盯着脚下，有机会站定，观赏一下四周的景色了。

我们刚才沿途经过的河岸边，长满了密密匝匝的黄花柳和其他灌木丛。在远处较为干燥的区域，低矮的灌木被欧洲落叶松取代。这是我到达遍布沼泽的切尔斯基后第一次看到大片的坚实土地。这要归功于谢尔盖和尼基塔父子正在推行的一项宏大的实验项目。他们将其命名为“更新世公园”(Pleistocene Park)，以此致敬那个物种丰盈的时代。

更新世是一个指代地质时代的术语，它始于250万年前左右，在大约1.1万年前过渡为我们目前所处的全新世。公园的名字主要指代更新世晚期，当时，斯堪的纳维亚半岛仍被厚厚的冰川覆盖，西伯利亚则呈现出欣欣向荣的草原地貌。这里生活着猛犸象、长毛犀牛、野牛、驴子、马、狼和大量其他动物。尽管气候干燥、多风、尘土飞扬，但草地足够肥美，动物种类甚至能媲美非洲大草原。

随着人类的到来，开阔的景观和许多动物悄然消失。当时具体发生了什么，如今仍然不得而知。也许是因为气候突变，冰河时期宣告结束。但在此之前的气候巨变并未摧毁这里的草原地貌，猛犸象和其他动物也都幸存了下来。西伯利亚的葱郁草原被物种匮乏的森林取代，是否应该归咎于早期人类的活动？围绕这一话题，学界仍在展开激烈的辩论。尼基塔和他的父亲谢尔盖·齐莫夫坚信，答案是肯定的。

按照他们的假设，由于当时狩猎的人越来越多，生态系统的平衡最终被打破。要维持草地地貌，需要有食草动物不断啃食掉灌木和矮树。因此当狩猎导致食草动物数量锐减后，杂草开始蔓生，灌木和矮树占据了大片土地，可食用的青草越来越少，渐渐难以满足剩余食草动物的需求。这些动物被迫聚集到日益缩减的小块草地觅食，不幸沦为人类的猎物，最终形成了恶性循环，最终使得如今的西伯利亚被森林和灌木覆盖。这些都是谢尔盖的推论。现在，除了少量麋鹿，森林里就只剩下体型肥硕、无处不在的花栗鼠了。

前一天晚上，我曾问研究站的创建者谢尔盖，大型食草动物为什么没有回到这片土地？西伯利亚人烟稀少，就算猛犸象和长毛犀牛已经灭绝，大群植食性的马和鹿也还是可以将这里重新还原为草原地貌吧。谢尔盖回答说，尽管西伯利亚的人口数量很少，但狩猎活动频繁，这些动物根本没有存活下来的机会。动物种群的数量一旦有所回升，紧接着就是频繁狩猎。他说，20 世纪 90 年代驯鹿的遭遇就是一个现实的例子。当时苏联已解体，由于资金短缺，本来依靠政府扶持的驯鹿养殖业日益衰落，野生驯鹿随之出现。没有了养殖者的诱捕，野生驯鹿数量激增，活动范围迅速扩大，甚至延伸到了切尔斯基。据谢尔盖说，这里的野生驯鹿已经消失了几百年，没想到突然之间冒出了成千上万头。

“一些人听说了这个消息，便凑钱买了高性能的雪地摩托，在冬季前来狩猎。30 个人仅仅用了一年时间，就猎杀了所有的野生驯鹿，可能有 1.5 万头。”他说。

谢尔盖告诉我，在切尔斯基的历史上，类似的悲剧一次又一次上演，少数几个猎人就能使野生动物的数量急剧减少，甚至造成物种灭绝。根据谢尔盖的说法，人类到来后，这样的现象就一直存在，因此西伯利亚的草原地貌无从复原。

“河岸边的黄花柳和青草繁茂丰美，足够养活数百万只食草动物。不过这里还生活着几千人口，也足够阻碍动物数量增长了。”他说。

我和尼基塔站在草地上，注视着远处一小群低头咀嚼青草的马匹。更新世公园的目标是，在食草动物的帮助下，重现西伯利亚大草原的景象[1]。围场内现有40匹马、1头麝牛、1头野牛、1小群驯鹿和几头麋鹿。它们已经在这里生活了近20年，也因此造就了围场内外的巨大差距：围场外灌木丛生，围场内则草地肥沃，视野开阔，可能——也许只是可能——开始接近曾经失去的地貌。更新世公园于1996年正式启动，2004年，20岁的尼基塔从父亲手上接过重任。

“其实是因为爸爸懒得处理大量文书工作，才一股脑推给我。所以真正做决定的人不是我，但出了事蹲监狱的人肯定是我。”尼基塔笑起来。

他们下一步的计划是引入更多动物，扩大围场规模，以凸显生态效果。实现这一计划的难点在于动物的引入，特别是麝牛和野牛这类本地缺乏的物种。尼基塔缓缓叙述起此前那些惊心动魄的经历，他曾利用春季的一小段稍稍回暖的时间——尽管气温不至于寒冷刺骨，但苔藓和河面上仍布满了霜冻——用了数周开车穿过冻原，将动物运抵这里。那是通往更新世公园唯一的陆路。

“我强迫自己每天驾驶十七八个小时，只睡大概4个小时，其他时间都用于照料动物。运输的卡车是我出发前刚买的，崭新，回到这里时已经报废，刹车和车灯都没了。要是不小心开上正在破裂的冰面，我得用飞车技术跳到结实的冰面上去。说起来的确很吓人，那段旅途真是让我精疲力尽。”尼基塔说。

接着，他又说起那头毛茸茸的麝牛是如何辗转来到这里的。尼基塔和谢尔盖自己开船前往北冰洋北部——当时船上连像样的航海设备都没有——并在几周后抵达弗兰格尔岛。这是猛犸象最后的家园，如今作为自然保护区的一部分，栖居着大量麝牛。尼基塔和谢尔盖得到允许，可以带一小群年轻的麝牛回去。这些麝牛已经被事先移入围栏。可当他们到达保护区时，却发现一只北极熊在几天前破坏了围场栅栏，并且咬死了几头麝牛。其余的麝牛也都逃了出去，不知所踪。

“我们只好将原定行程临时延长10天，在麝牛可能出没的地方蹲守，麻醉那些年轻的麝牛，然后运上船。好不容易诱捕到6头麝牛后，我们才发现它们全部都是公牛。不过，当时我们必须赶紧启程回家了。”

他们在返程途中遭遇了风暴，一连两个晚上，尼基塔都只能一个人咬牙掌舵。

“我有地图，也有全球卫星定位系统（GPS），可我完全不知道前面发生了什么，只能在冰山之间摸黑航行。我可不想撞上它们，重蹈泰坦尼克号的覆辙。”

6头麝牛中只有1头存活了下来，由于性别单一，麝牛的数量也不可能增加。他们或许应该尽快再去一趟，引入更多的麝牛，但一想到旅途的艰险，尼基塔不免有些犹豫。

更新世公园内已经拥有足够多的食草动物，因此抑制灌木蔓延、促进草地生长都不是难事，但面对森林里的树木，它们依然无能为力。我和尼基塔爬上了一辆六轮的小型敞篷越野车，驶上一条勉强可以称得上森林小道的土路。越野车在坑坑洼洼的路面上颠簸前行时，我必须用手紧紧抓住座椅，才不至于整个人飞出去。在这其间，越野车几次驶过近 1 米深的水塘。最后，我们驶离了土路，一个急刹车，停在一片欧洲落叶松林之中。这些落叶松树干笔直，都有碗口粗，齐刷刷地立在周围，尼基塔将车子熄了火。

“大多数人会认为，我们正在做的这一切都是天方夜谭。”他说。

树皮的破损处散发出树脂的气味，我被一路的颠簸和最后的急刹车搞得晕头转向。没有了发动机的轰鸣，深不见底的寂静顿时将我笼罩，随之而来的还有铺天盖地的蚊子。我想，或许“大多数人”说的是对的。

尼基塔开始了新一轮的介绍，他说，这个地区本来没有树，所以这片森林也许可以算是最大的入侵者，很多人脑海中的关于自然的画面完全是错误的。现代人认为，森林是大自然最好的馈赠，其实不然。尼基塔说，森林是最糟糕的产物。它一点也不自然，完全是食草动物消失后的恶果。这里就是未来“复活”的猛犸象栖居的地方。猛犸象在恢复草原生态方面会起到决定性作用，它们是整个生态系统中唯一有能力摧毁树木的食草动物。尼基塔和谢尔盖可以继续引入马匹、野牛、麝牛以及其他动物，可谁都无法取代猛犸象的作用。

“这就是我们的猛犸象幼崽。”尼基塔拍了拍越野车的前盖，打趣地说。除此之外，谢尔盖还设法搞来了一辆老的苏式坦克，在公园里开来开去铲除树木，以弥补猛犸象缺位造成的影响。对于新打造的猛犸象而言，最重要的任务就是斩“树”除根，这是父子俩的共识。

我问谢尔盖，在他看来，若要恢复西伯利亚的草原生态系统，科学家们，比如乔治·丘奇，成功复活猛犸象是不是一个必要的前提条件。那天恰逢谢尔盖的60岁生日，他巧妙地用生日作为比喻，回答了我的问题。

“知道吗，我太太昨天问我，要不要烤一只蛋糕。我说烤一只当然很好，但不是必须的。没有蛋糕也可以庆祝生日。猛犸象的问题也是如此，如果能复活当然很好，但没有它们，生态系统也能恢复。当然森林会消失得慢一些，但它们终究还是会消失的。”他说。

对于大多数利用基因技术复活灭绝物种的尝试，谢尔盖本人一直保持着怀疑态度。他总觉得这些项目更像是酷炫的剪辑特效，而非严肃的科学实验。他唯一看好的是欧洲原牛的复活，理由是成功率高，且对欧洲自然环境大有裨益。尼基塔则认为，猛犸象的复活也大有潜力。

“人类肯定需要猛犸象，问题在于，这种需要很可能是阶段性的。乔治·丘奇是一个非常聪明的人，办事也很靠谱。说不定，他的团队很快就能打造出一个酷似猛犸象的庞然大物。但我们的目标不是单独一只猛犸象，而是一群。要建立相当规模的猛犸象种群势必需要很长很长的时间。待猛犸象群发展出自己的社会关系和行为模式，恐怕又要上百年。”尼基塔说。

我和乔治在波士顿见面时，他曾坦言，将一群猛犸象放归更新世公园的确是自己努力的目标。

他说：“说到我的长远目标——当然我没有《白鲸记》里的亚

哈船长那样执着——就是有朝一日、在西伯利亚，加拿大和阿拉斯加能看到成千上万头耐寒的大象。美洲野牛曾一度濒临灭绝，但现在已经恢复到将近50万头之多，猛犸象的繁衍也可以效仿这个模式。”

乔治希望猛犸象能够与马、驯鹿及其他动物一起，改变这里的自然环境，重现西伯利亚大草原。这也是齐莫夫父子正在努力的方向。

“我一直在寻找这样一个项目：既有深沉的哲学意味，又能推动技术发展，同时还对社会有益。”乔治说。他很肯定，经过基因修改的亚洲象一旦放归西伯利亚，将会惠及方方面面。自然生态环境将从中受益，当地居民也可以从猛犸象旅游业中获取收益。

尼基塔认为，如果草原取代了森林，这些铺天盖地的蚊子带来的困扰也将迎刃而解。西伯利亚雨雪很少，但由于永冻层的原因，雨水和融雪无法渗入地下，渐渐积起了浅滩和缓流，为蚊子的滋生提供了温床。从理论上说，生长迅速的草叶会比生长缓慢的树木耗费更多水资源，因此，一旦草原取代了森林，地表的积水很快就会消失。

尼基塔希望，在他们创建的生态系统中，物种数量能够接近冰河时期的水平，且不同物种之间将形成复杂密切的关联。

“虽然农业已发展了上万年，但人类仍然没有学会如何有效利用和维护牧场，甚至远不及生态系统中的食草动物凭借天性所做的。因此，我们要展示如何通过更为高效的方式，实现地球的可持续发展，而且，不依赖矿石燃料的生态系统也能提供产出。”

他说，“这些产出也包括为人类提供食物。”

尼基塔认为，只要做到适度、适量，在这样的生态系统中狩猎是完全可行的。目前最大的问题是，随着食草动物越来越多，应该如何引入捕食者。西伯利亚已有的食肉动物包括熊、貂熊和狼，但其中能够捕猎大型动物的只有狼。为了避免食草动物摄入量过大，破坏植被，甚至在冬末春初之际因为食物匮乏而饿死，重蹈荷兰东法尔德斯普拉森自然保护区的悲剧，捕食者或狩猎者必不可少。但这个问题的解决方案至今仍在讨论中。

“因为我们的研究项目，外界常将我们视为两个疯子。”尼基塔顿了顿，继续说道，“我不觉得这有任何疯狂之处。我是一个相当务实的人，管理公园，尝试拯救西伯利亚的生态系统，我做的这些并非完全出于理想和情怀。我希望创造出一个能够盈利的好产品——只不过利润不一定是钱，而是未来几百年里能够让人类获益的某种资源。”

注释

[1] 谢尔盖·齐莫夫关于尝试建立更新世公园的论文：Zimov S A. Pleistocene park: return of the mammoth's ecosystem[J]. Science, 2005, 308(5723): 796-798. http://reviverestore.org/wp-content/uploads/2014/10/Science-2005-Zimov-796-8.pdf.

第 13 章

藏在母鸡体内的巨兽

大家读到这里，大概多少都会有些失落和挫败感——为什么除了引言中的一小部分暗示外，我就绝口不提《侏罗纪公园》或是与恐龙有关的话题了？《侏罗纪公园》上映于 1993 年，是基于同名小说改编的电影。提到灭绝动物的复活，它可能是最先浮现在我们脑海里的，也是风险和机遇并存的代名词。

对于大多数人而言，《侏罗纪公园》是一部关于复活恐龙的启蒙片。在电影中，科学家发现了一块美丽的琥珀，里面完美地封存着一只蚊子。他们在琥珀上面钻了一个小孔，从死前刚刚饱餐了一顿的蚊子体内抽取出血液。科学家对血液样本进行了分析，从中提取出恐龙的遗传物质，成功培育出了恐龙。

在现实生活中，科学家也在做同样的事，即从封存于琥珀中、保存完好的昆虫体内寻找遗传基因。科学家会在高洁净等级的实验室中打碎琥珀，以保证在整个过程中没有其他遗传物质混入，科学家自己也会穿上宇航服一样的防护衣，从昆虫标本体内提取 DNA 分子链的碎片。贝丝 · 夏皮罗试图从封冻的骸骨内找到猛犸

恐爪龙（Deinonychus）的脚。恐爪龙是电影《侏罗纪公园》里伶盗龙（Velociraptor）的原型。古生物学家已经挖掘出保存极其完好的恐龙化石，但无法用来分析恐龙的基因构成。

象的遗传物质，也尝试过打碎琥珀，从昆虫体内提取遗传物质。

现实是，科学家从未在封存于琥珀中的蚊子体内找到恐龙的遗传物质，不仅如此，他们也从没找到过蚊子本身或是蚊子体内寄生的上百万种微生物的遗传物质。简而言之，在这类琥珀实验中，他们没有找到任何有价值的信息。在之前的一次实验中，科学家一度提取到了部分残留的昆虫基因，但当他们进行重复比对时，却发现实验室遭到了污染，之前提取到的遗传物质来自苍蝇之类的活物。

动物死去时——小到一只蚊子，大到一头猛犸象——它体内的遗传物质会立刻开始分解。长长的DNA分子链最先瓦解，它不像蛋白质和细胞内其他结构那样稳定。目前，科学家成功提取到有序的DNA碎片并进行分析的最古老生物，生活于距今大约70万年前[1]。生物技术的发展着实令人惊叹，然而要对生活于6500万年前的恐龙进行遗传物质提取和分析，科学家们仍然任重而道远。

在保存完好的恐龙化石中，人们已经成功找到部分不同的蛋白质，比如胶原蛋白、角蛋白和弹性蛋白[2]，但没有找到一丝DNA片段。部分科学家甚至猜测，由于半衰期的存在，DNA在极其理想的环境下仍会持续分解。这也意味着，从理论上说，我们永远无法得知霸王龙的基因结构是什么样的，它和剑龙的基因究竟有何区别。

但这并不意味着，我们亲眼看到恐龙的梦想就此破灭。事实上，现在有一群科学家正在为之努力，只是所用的方法和人们想象的不大一样。

身为一名记者，我偶尔会碰到那种幸运到不真实的人。杰克·霍纳就是其中之一[3]。8岁时，他找到了自己的第一块恐龙骨，并立志成为一名古生物学家。13岁时，他第一次挖掘出一具完整的恐龙骨架，由此开启了非凡的寻宝之旅。尽管患有严重的阅读困难症，杰克还是成了一名成功的科学家。他的发现对当今学界定义和理解恐龙的概念起到了决定性作用。此外，他还是第一批发现恐龙诸多行为和习性的科学家，包括恐龙会筑巢产卵，会照顾哺育幼崽，并且习惯群居生活。这些都打破了人们从前对恐龙的刻板印象——蠢笨而原始的庞然大物。世界上至少有两只恐龙是根据他命名的。

电影《侏罗纪公园》里的格兰特博士，就是以杰克为原型塑造的。格兰特博士是一个英雄式的人物，总是戴着一顶牛仔帽。当被复活的史前动物逃出围场，吞噬见到的一切生物时，是他站出来拯救了所有人。电影里的许多台词也都指向杰克的学术研究成果。

此外，杰克也是4部《侏罗纪公园》的科学顾问，他和导演史蒂文·斯皮尔伯格（Steven Allan Spielberg）以及一众演员都有密切合作，他在特效制作方面提了很多建议，让恐龙的动作更为真实可信。杰克和好莱坞的联系不止如此。为他的恐龙复活项目提供资金支持的，正是电影导演乔治·卢卡斯（George Lucas）。正如之前所说的，他的顺遂和幸运简直让人难以置信。

“启动这个项目最重要的原因是我具备这样的实力。恐龙复活是完全可能的。”他说。

在整个谈话过程中，杰克一直在打趣开玩笑。显然，他很享受来自媒体的关注，对于各种假设性问题和哲学推理也颇感兴趣。围绕复活恐龙的项目本身，以及他实际成功的可能性，我提出了许多批判性问题，杰克似乎并不反感。从很多方面来说，他很像一心打造猛犸象的乔治·丘奇，他们似乎受到同一种热情和好奇的驱使，而且年龄也差不多。

由于无法重现6500万年前消失的恐龙的基因构成，杰克需要另辟蹊径。

从生物学角度看，鸟类也是恐龙的一种。他的计划是从母鸡着手进行研究，试图诱导出其体内隐藏的祖先的基因。母鸡不仅是恐龙的后代，更是恐龙演化谱系树的一个分支，就好比狮子属于猫科动物，老鼠属于啮齿类动物。只不过谱系树的其他分支都已经灭绝。因此，从纯学术的观点来说，杰克只需要将一只母鸡放在展示台上，然后宣布：请看！这样似乎就够了，不过，对于一个渴望亲眼看到霸王龙的六年级小学生来说，这完全无法让人信服。鸟类可能是恐龙的分支，但“鸟类”这个词只会让我们联想到山雀。

简单来说，一只母鸡和一头恐龙外表的区别大致有 4 点：母鸡的上肢是一对翅膀，而不是前臂和爪；母鸡的嘴呈喙状，而非恐龙那样的吻；母鸡没有牙齿；母鸡的屁股短而圆，恐龙的身后则是一根长长的尾巴。杰克告诉我，二者在其他细节上差别并不大，比如羽毛，再比如吃烤鸡时拆下来的 Y 形锁骨，常常被人们当作许愿骨[①]，这些恐龙也都有。恐龙是一个存在时期相当长的庞大种群，被杰克拿来和今天的鸟类进行比较的是兽脚亚目的恐龙，它们拥有狭长头部和粗长尾巴、两足行走，比较知名的有霸王龙、伶盗龙。鸟类就是由兽脚亚目恐龙演化而来的。

“我们正在进行的尝试，是对由恐龙到母鸡的演化过程进行倒推，期望从鸡的胚胎中孵育出恐龙。”他说。

这与传统意义上的基因编辑无关。乔治·丘奇将亚洲象改造成猛犸象的思想或许可以借鉴——选择某些特定基因，替换成其

---

①在一些西方国家的传统中，人们会用火鸡或者鸡的锁骨来许愿。两个人分别握着分叉的两端用力拉断，骨头中间的分叉处在谁手上，谁就是幸运儿。据说对着它许愿，愿望就可以实现。

伶盗龙的头颅模型和始祖鸟的头颅模型。伶盗龙约有半米高，始祖鸟大概和喜鹊一般大小。

他基因。通过这种途径，母鸡或许会长出牙齿，就像亚洲象幼崽能够拥有猛犸象的皮毛一样。

但杰克选择了另一条路。一方面是碍于科学家没有找到恐龙的遗传物质作为模板；另一方面是因为，相比于结果，杰克对过程更感兴趣。

1.5 亿年前，最终演化为鸟类的一部分恐龙祖先已经开始和其他恐龙有所区别。羽毛成了它们的常见特征之一，许多恐龙拥有类似鸵鸟毛那样蓬松柔软的羽毛。其中的一个分支逐渐演化出翅膀，并学会了飞行。不久后，有别于其他恐龙的鸟类特征也相继显现。第一批“真正的”鸟出现于1亿年前左右。那段时期究竟发生了什么？从恐龙向鸟类演化的具体过程是什么样的？杰克希望通过复活恐龙，给出这些问题的答案。

他们的计划是从鸡的胚胎入手，人为主导孵育过程，控制幼崽成型时的活跃基因，从而排除1.5亿年的演化因素，筛选出更为原始的部分。这一理念和亨利通过育种复活原牛的想法类似，只是过程要复杂得多。

演化初期阶段的鸟类本来具有牙齿、尾巴等特征，由此可以推断，决定这些特征的基因仍然存在于它们的遗传物质之中。我们不妨将进化想象成一个不断叠加的过程，类似考古发掘中，新东西总是一层层积累在旧东西之上。那些不再表现出来的特征所对应的基因会留在遗传物质中，就像束之高阁的物品。其中的某些特征会在孵育过程中间歇性地表现出来，随即再次消失。例如，在人类妊娠初期，胎儿会有一条明显的尾巴，但之后就消失了。杰克试图激活的，正是这些“闲置”基因。

科学家需要做的，是人为改变胚胎发育的方向。他们要关停所有会发展出鸟类特征的步骤，从基因库中筛选出更为原始的部分。

“我们可以反向推导，排除进化过程中的所有变异，重新创造出一个形似恐龙的生物。”杰克说。

在全世界，不少科学家都在以各种方式干预鸟类的胚胎发育，试图将进化过程具象化，找出与恐龙的特征相对应的基因。其中一些专注于鸟喙的演化，还有一些重点研究恐龙的上肢如何进化为翅膀。有几个科研团队已经成功使鸡有了牙齿的雏形。也许只有杰克有将各个部分进行整合的想法，并且公开表示，他的目标就是孵育出一只兽脚亚目的幼崽。

他从数年前开始筹划这一项目，其间写了一本书，名为《如何创造一只恐龙》（*How to Build a Dinosaur*），并于 2009 年出版。但是资金筹措耗费了相当长的时间，实验室直到最近 4 年才开始积极运作。他们要做的第一步，是设法搞清楚在孵育过程中鸟类的臀部是如何形成的。

“现阶段我们研究的重点是，如何将鸟类的臀部变成一根长尾巴。这也是最难攻克的部分。”他说。

“目前看来，大家对于鸟类尾部的了解都不够多。”他继续说道，“所以我们只能退后一步，先弄明白鸟类身体的内部构造和工作机理，然后才能倒推进化过程。孵育恐龙的计划会有所延迟，不过我们已经取得了很多令人惊叹的阶段性成果。”他热情洋溢地介绍道。

一旦他们探明鸟类臀部的进化机制，下一步就是在鸡胚胎的孵育过程中，设法使之发育出一根长长的尾巴。这无异于一项伟大的科学突破，因为一旦改造成功，就意味着科学家能够赋予胚胎全新的脊椎骨。这项技术不仅可以用于恐龙的再造，还将造福天生患有脊椎疾病的人群。但杰克明确表示，技术突破并非恐龙复活项目的初衷，只是衍生出的副产品。

“我们所做的一切都是为了探索和创造。我认为，现代社会太过功利，似乎所有研究都必须为了人类的利益和福祉而存在。我不赞同这样的立场，研究和实验的意义在于发掘这个世界上尽可能多的可能性，能否派上用场不应作为我们考量问题的标准。”

他说。

尾巴改造成功后，他们仍有很长的路要走。杰克需要在世界范围内收集相关的研究成果，然后进行统筹和整合。一部分研究成果还需要进一步强化，比如，科学家让母鸡长出的牙齿仍未达到预期的效果。还有一些特征，或许可以从现有的鸟类身上获得。比如生活在南美的麝雉，它们在雏鸟时期，翅膀上会有类似手指的翼爪。麝雉的发育过程也许可以为恐龙上肢的演化提供线索。在动物的孵育过程中各种因素会相互影响，所以杰克还不敢保证，所有成果能够同时作用于同一个鸡胚胎。

我问杰克，具体要达到哪些指标，复活恐龙的项目才算基本完成？

"如果我们选择了一只母鸡，或者随便哪一种鸟类，通过激活相对应的基因，能够促使胚胎发育出牙齿，使鸟喙变为吻，长出长长的尾巴以及类似手臂的上肢。那么，由胚胎孵育出的动物就会拥有恐龙的头部，长满牙齿的嘴巴，灵活的上肢和长长的尾巴。看起来就像一只小型的兽脚亚目动物。"杰克说。

如果实验获得成功，孵育出的这只动物将像很多某些恐龙一样长满羽毛，但个头只有母鸡那么大。倘若作为好莱坞电影的主角，它还远远不够强大骇人，但在现实生活中，它意味着科学家已经能够全面掌握孵育过程，可以说是科学技术的巨大进步。那么，在杰克看来，距离成功孵育出第一只恐龙还要多久呢？

"我们很难设定出一个时间框架，因为很难预估各部分实验需要耗费的时间。如果一切非常顺利的话，我们应该能在 5 年内孵育成功。如果中间某个环节出现问题，那么再拖个 10 年也很有可能。不过总的来说，应该就是未来 5 ~ 10 年的事了，也不是很遥远嘛。”杰克自信而爽朗地说。他不愧是一个天生的乐观主义者[4]。

*

在哈佛大学的一间实验室中，摆放着一排排鸡蛋，所有蛋壳的上方都开有一个小“窗”，以便科研人员观察内部的情况。这些鸡蛋属于另一名科学家，他和杰克要攻克的难题一致，只是目标和理念有所不同。

“通过观察小鸡的孵育过程，我们可以更好地理解进化，反之亦然。我希望能搞清楚一个重要的变化，即鸟喙是如何形成的。”阿克哈特·阿布赞诺夫（Arkhat Abzhanov）边说边向我展示他的办公室[5]。房间内堆满了各种鸟蛋的白色蛋壳，还有几个恐龙化石模型。

阿克哈特改变了鸡胚胎的孵育过程，使鸡喙发育成了类似鳄鱼长吻的器官，并于 2015 年初正式公布了这一学术研究成果[6]。阿克哈特团队没有采用修改基因的做法，而是向胚胎内注射了某种化学制剂，改变了正在发育的胚胎接收到的信号，从而抑制了部分特征的形成。他向我展示了几张动物上颌骨的 X 光片，分别来自正常的鸡胚胎、鳄鱼胚胎和人工干预过的鸡胚胎。在经过干预的鸡胚胎中，有几只的上颌骨形态看上去明显更接近鳄鱼。

用舌头抵住上腭，以牙齿后侧为起点，将舌头往回缩找到上腭的最高点，此处左右相邻的两块骨头就是阿克哈特进行改造的上颌骨。鸟喙正是由相互融合的颌骨形成的。阿克哈特所要做的，就是在孵育过程中抑制颌骨的融合，使之回退到恐龙胚胎的发育阶段。

“由此可以了解鸟喙的形成需要哪些遗传信号。如果我们人为关闭这些信号，胚胎就会退回更为原始的发育模式，形成类似吻部的结构。”阿克哈特说。

不过，他完全没有打算让具备吻部特征、活蹦乱跳的小鸡出现在实验室里。

“我们会让胚胎发育到较晚的阶段，但不会让它们破壳而出，因为那必然存在生命伦理问题。在我们的项目里，是不会真的孵化出幼雏个体的。”他说，“我们的重点在于研究进化过程本身，而不是创造出类似恐龙的生物。”

“现代鸟类的祖先在很早以前就进化出了喙。我们并不知道在孵育过程中，能够形成吻部的基因还剩下多少，人为激活是否有效。”阿克哈特说。

他解释道，诚然，部分原始基因和发育过程仍旧保存在遗传物质之中，通过对它们的分析，科学家能够掌握进化过程中的重要信息。但这并不代表，它们保存得足够完好，能够满足活体动物的需要。比如，一只喙经过了改造的小鸡或许会面临进食困难的问题，原因在于，小鸡身体的其他部分并未进行同步的适应性改造。阿克哈特一再强调，他很确定这些经过改造的上颌骨都不具备实用性。X 光片上显示出的差异，仅仅是辅助科学家了解演化过程的工具。

阿克哈特说，对于研究鸟类的谱系树，追溯基因的变化发展，他们的研究无疑有着重大的借鉴意义。或许人类能够就此回溯到鸟类从兽脚亚目中分化出来的时间节点，搞清楚当时发生的一切。但这并不意味着我们能够扭转整个进程，或是选择一部分遗传物质再造恐龙。废弃不用的DNA序列有可能导致有害变异，也有可能彻底消失不见。

阿克哈特对杰克·霍纳的实验提出了强烈质疑。

“总的来说，我觉得复活物种这件事还是言之过早。目前我们唯一能做的，就是对进化过程中的细节问题给出参考答案。我认为，一些科学家还是幼稚地低估了其中的复杂程度。我们挖掘得越深入，就越不敢掉以轻心。”他说。

根据阿克哈特的猜测，科学家所能实现的最理想情况，是获得近似恐龙胚胎的改造胚胎，但它绝不可能成功孵育成幼雏，更不可能健康存活到成年。他说，事实上，他根本不想做这种猜测，我们掌握的知识很有限，不应该过早地妄加揣测。况且更重要的一点是，就算真的出现一只形似恐龙的动物，我们也不能确定，它携带的基因能像在恐龙体内那样发挥作用。科学家也许只是找到了一种启动和关停基因的方法，使改造生物最终呈现出与恐龙相似的样子。

两名科学家从不同的方向对鸡的胚胎展开研究，最终却得出了截然相反的两种结论。对于阿克哈特的批评和质疑，杰克不以为意。

“他是一位出色的科学家，可他骨子里是个悲观主义者，而我骨子里是个乐观主义者，这应该是我俩最大的区别。坦率地说，这件事可能做得成，也可能做不成，谁知道呢。不过，如果不去尝试的话，这件事肯定做不成。我已经做好准备完成整个过程，再做定论。”杰克说。

在采访过程中，他明确表示，自己也不知道研究究竟会发展到哪一步。他不知道形似恐龙的小鸡到底能不能破壳而出，就算出生，能不能健康存活到成年也是未知数。对于这个动物未来的模样或行为，他一无所知，而这也是他关注的焦点。要获得答案必须以各种实验为基础，在尝试过程中，他会和其他科学家共同去探索、去发现。

“在成功诱导出各个组成部分，并且统筹整合之后，我们就能获得理想的胚胎。接下来的挑战在于，设法促使胚胎孵育成幼兽。至于幼兽能否存活、预期寿命有多久，这些答案只有在尝试之后才能揭晓。”杰克说。

除了学术方面的种种难题，杰克还要面对伦理道德方面的批评。反对者表示，他要创造的是一个畸形生物，随之而来的必然是痛苦和折磨。

“我们当然不会有意让动物承受痛苦。每当别人提出这个问题，我都会举斗牛犬做例子。斗牛犬是一种经过杂交育种产生的犬类亚种，下颌突出，牙齿外露。按照宽泛的定义，杂交本身就不是一种人道的做法，和父母辈相比，杂交后代必将面临更多的挑战。但作为广受欢迎的宠物犬，我们难道能说斗牛犬承受了痛苦吗？”他反问道。

我的另一个疑问是，如果实验成功，他会如何看待“小恐龙”的未来？

“在我看来，‘小恐龙’的未来应该和斗牛犬的差不多。”他笑了笑，继续说道，“我们已经成功培育出各种各样稀奇古怪的大狗小狗，以及其他动物。恐龙也许会成为适合家养的动物，我们可以把它们当宠物饲养，也可以大量繁殖用于食用。出售恐龙作宠物肯定是个稳赚不赔的生意，不过我可不是生意人。”他说。

毫无疑问，母鸡大小的宠物恐龙一定会热卖。它既是令人瞩目的学术成就，也是人畜无害的创造发明。它不会像《侏罗纪公园》里复活的那些猛兽，对创造者构成生命威胁。也许，它们能像家猫一样，偶尔捕捕老鼠。

杰克的乐观情绪仿佛阳光一样感染着周围的人，不难看出，无论结果如何，他都乐在其中。尽管在心里打了个大大的问号，我还是希望他能如愿以偿。在所有的采访对象中，杰克给出的尝试理由——试一试才知道行不行——是最为中肯的。或许行，或许不行，值得一试。

注释

[1] 科学家成功提取并分析的 DNA 碎片来自于生活在 70 万年前的一匹马，具体可参见 2013 年 6 月发表在《国家地理》杂志上的报道“世界上最古老的基因组序列来自于 70 万年前的一匹马”（*World's Oldest Genome Sequenced from 700,000-year-old Horse DNA*），http://news.nationalgeographic.com/news/2013/06/130626-ancient-dna-oldest-sequenced-horse-paleontology-science。

[2] 在恐龙化石中发现血液和胶原蛋白的相关信息可参见 2015 年 7 月发表在《卫报》上的报道“化石碎片中发现的 7500 万年前的恐龙血和胶原蛋白”（*75-million-year-old dinosaur blood and collagen discovered in fossil fragments*），https://www.theguardian.com/science/2015/jun/09/75-

million-year-old-dinosaur-blood-and-collagen-discovered-in-fossil-fragments。

[3] 杰克·霍纳的个人主页：http://www.montana.edu/earthsciences/facstaff/horner.html。

[4] 杰克 2011 年 3 月发表了 TED 演讲“从鸡身上复活恐龙”（*Building a dinosaur from a chicken*），https://www.youtube.com/watch?v=0QVXdEOiCw8。

[5] 阿克哈特·阿布赞诺夫的个人主页：http://www.imperial.ac.uk/people/a.abzhanov。

[6] 阿克哈特对小鸡进行吻部改造的学术论文：Bhullar B A S, Morris Z S, Sefton E M, et al. A molecular mechanism for the origin of a key evolutionary innovation, the bird beak and palate, revealed by an integrative approach to major transitions in vertebrate history[J]. Evolution, 2015, 69(7): 1665-1677. http://onlinelibrary.wiley.com/doi/10.1111/evo.12684/abstract.

第 14 章

乌托邦和反乌托邦之间的分界线

在这本书的开头，我提到了普罗米修斯违背宙斯的意志，为人类盗取火种的故事。这个故事存在两种解读——有人认为普罗米修斯做得对，也有人认为他做错了。事实是，只有那些坚称复活灭绝物种不符合伦理道德的人，才会一遍又一遍提及普罗米修斯的故事。

“尝试复活灭绝物种，本质是拒绝承认人类在大自然中存在道德和技术方面的局限。普罗米修斯的下场就是警示。”说这句话的是亚利桑那州立大学的环境伦理学教授本·明特尔（Ben Minteer），他也是公开反对复活灭绝物种的代表之一[1]。

在本看来，我们应该从物种灭绝中获得伦理教训。这些损失提醒我们不要忘记犯下的错误和自身的局限性，让我们不至于走火入魔，为所欲为。他引用了美国生态伦理学家奥尔多·利奥波德（Aldo Leopold）在 20 世纪 30 年代末写下的文字：

> “我们的工具远胜于我们自身，它们比我们成长得更快。

它们能够打破原子，也能够控制潮汐。可它们还不足以完成人类最古老的任务——生活在一片土地之上，而不对它造成破坏。”

本认为，最大的挑战并不在于复活灭绝物种本身，而是如何保持可持续发展，对抗造成如今环境破坏的伦理力量和文化力量。

“人类是极其聪明的物种，偶尔也会成为杰出和英勇的代名词，但我们常常不切实际地高估自己的权力。否定这种权力当然很可笑，但我们必须珍视和敬畏来自大自然的力量，其中也包括那些不复存在的部分。它们能让我们深刻体会到自律的价值和人性的局限性。如今，我们已经很少有机会领悟到谦卑的必要了。”他说。

“这么说似乎违背了科学进步的理念，但是懂得抬脚松开油门，克制操纵和主导的冲动，不再去‘修理’自然，也不失为一种智慧。”本接着说[2]。

斯图尔特·布兰德和本持有截然相反的观点。这位加州曾经的嬉皮士后来和妻子共同创立了“复苏”组织。斯图尔特的目标是创造这样一个未来：人类肩负起对自然的责任，成为大自然的管理者。对于那些仍然原始和充满野性的区域，他希望我们能够更为积极地去改造和开拓。本认为，我们应该正视此前犯下的错误，放慢进度；斯图尔特却鼓励人们尽早行动，加大力度。两个人都认为各自的方法能够有效地限制人类对大自然的破坏。

斯图尔特认为，人类有众多影响自然的方式，实际上早已承担起上帝的角色。与其做一个无心破坏的冒失鬼，倒不如当一个负责任的上帝。本则认为，把自己想象成上帝的念头已是荒谬至极。不过，他们一致赞同，所有关于复活灭绝物种的尝试，都建立在伦理和道德困境之上。它无关基因技术是否可行，或是新物种放归自然后是否适应，这件事本身就注定会将人类推入进退两难的局面。

瑞典人用两堆草垛间的驴来形容难以选择。我目前的状况就像是一头驴子，站在两只剑齿虎之间，动弹不得。斯图尔特的愿景着实吓了我一跳。他憧憬中的自然繁盛而丰沃，同时整齐划一、井然有序，接近《星际迷航》里的场景。本的宿命论以及对灭绝现象全盘接受的态度同样令我恐惧。他的基本原则似乎是，人类无法让世界变得更好，所以什么都不做才是最佳选择。

本提到的一个具体概念让我尤其难以接受，即其他物种的式微是人类应吸取的道德教训。仅仅将自然损失视为谦卑教育的素材，并因此放弃使世界变好的努力——为了我们自己，也为了其他物种，这一点我无法赞同。但我认可他所说的，人类对自己的能力过于自负，这确实难以反驳。

但高估自己的能力是放弃让世界变好的理由吗？还是说，复活已灭绝的物种不过是人类自视过高的一个缩影，并非拯救世界的体现？

问题在于，伦理争议最终总是上升到乌托邦和反乌托邦的层面，要么全部肯定，要么全部否定。这无形中增加了理性辩论的难度，几乎不可能取得折中和平衡[3][4]。

这个问题牵涉到一个很重要的方面，它并非各个实验室所取得的进展，或是技术方面的可行性，而是在共生共存的前提下，人类面对这些复活动物的确切感受。说到底，它们的最终命运在很大程度上由人类的感受决定。

苏珊·克莱顿（Susan Clayton）是一名心理学教授，专门研究人类和自然的关系[5]。在交谈过程中，她特别指出，从一方面来看，人类非常重视多样物种的价值——绝大多数人都认为，尽自己所能拯救濒危动植物是重要且必要的，但从另一方面来看，我们同样关注自然的野性和原始生态，希望它能不受人类活动的影响。复活的灭绝动物一旦放归自然，势必会引发这两种观点的冲突[6]。

“复活动物之所以让我感到不安，是因为这关乎的不仅仅是单个物种，而且牵涉到人类和自然之间关系的改变。”苏珊说。关于复活灭绝物种的想法是对是错，她也没有结论。为了进一步解释这个问题，她开始向我讲述最近十几二十年来关于大自然对人类生理影响的研究。

“自然环境对于我们的心理健康、社会关系和认知能力都有积极的效果，有越来越多的证据指向自然和健康之间的良性关系。至于其中的原因，我们目前还不知道。”她说。

围绕着这一点，存在诸多理论解释。其中一种认为，自然体验能够减少压力，另一种则认为，我们的专注力能够在自然环境中得到修复，因为我们并不需要刻意关注大自然，大自然自带着吸引一切目光的特殊魅力。

大自然能带来积极效果的另一个原因很可能在于，我们接触自然时，会下意识地排除来自人类社会的干扰和影响。苏珊说，和她交流过的很多人都表示，沉浸在大自然中人会有一种谦卑感油然而生。比如，置身森林之中，我们瞬间变得渺小，不再是一切的主宰和中心。这种灵魂的洗礼是非常积极有益的。

“人类通过多种方式影响着自然，包括农业生产、基因编辑，等等。我觉得，随着人类对自然的控制日益增强、新生事物越来越多，我们对大自然的敬畏之心和重视程度也在不断减少和降低。目前，我并没有学术依据支持这一推论，这只是我个人的猜测。”她说。复活的灭绝动物很可能成为一个重要标志，体现出人与自然之间关系的变化。

“复活灭绝动物的想法，暗示着人类对自然拥有更多的掌控权。这给我的感觉是，人与自然之间的平衡已经被打破，人类可以决定想要复活的物种。这和阻止物种灭绝完全是两码事。”她继续说道。

自然对人类究竟存在哪些影响？相关研究仍属新兴学科，答案尚不明确。既然如此，人与自然之间的关系会随着历史进程如何变化，未来又将发生什么，这些目前也不得而知。

“我认为这是会改变的，很可能已经改变。至于改变了多少，我说不好。毕竟我们还不清楚自然对人类产生积极影响的原因。我们还不能确定其中有多少是生理因素，多少是心理因素。50 年后，人类对自然的体验也许和现在完全不同，那时，对于自然改变带来的影响，我们或许会有更为直观的认识。”苏珊说，“这种改变可能是气候变化，也可能是别的。身处大自然之中，我们或许已经感觉不到那么强烈的积极影响，又或许恰恰相反。”

“还有一点很重要，”她继续说道，“和时尚潮流一样，文化和意识形态同样存在某种趋势。目前我们处于一个强调本真和自然的时代，但50年前的情况截然相反，当时最吸引眼球的是那些人造的东西。我相信，这一波浪潮迟早还会回归。”

那么，苏珊如何看待普罗米修斯？对于人类的傲慢和自大带来的风险，她又持什么态度？

“我说不好，自负有时是件好事，能够引领人类进行更多的探索和尝试，但也可能让我们付出巨大代价。如果一个人非常傲慢，他或许根本不会去考虑行动过程中可能出现的问题和不足。”她说。

她指出，与此同时，人类应对自然担负起更多的责任。一味妥协和后退，什么都不做，也会造成消极和负面后果。

“如何找到平衡点是真正的关键问题。保护自然这件事，说起来容易做起来难。‘自然’究竟应该如何定义，答案可能非常模糊，甚至根本不存在。我自己也给不出更好的建议，只能说，这是一个相当复杂的问题。要对人类的反应做出预判，不仅需要具备生理学知识，还需要具备心理学知识。”她说。

很多人之所以对复活灭绝物种的想法提出批评，是担心这样的趋势会削弱我们对濒危物种的关注。这也是让苏珊感到不安的地方。

“我的不安在于，这件事可能会影响人们关于什么能做、什么不能做的认知。大家也许会认为：‘我们不需要特别在意物种保护的问题，就算灭绝了，以后也有办法复活。’”她说。

我问苏珊有没有考虑过另一种可能，比如，人们是否会因此重燃希望，对复活物种的想法产生兴趣，从而更为积极地投入到拯救濒危物种的行动中去。

她回答道："这是个相当不错的立足点。总是听到物种灭绝的消息的确让人郁闷，很多人甚至对环境方面的议题产生了倦怠感。如果一提到自然，大家只能感到焦虑和沮丧，那么也就很容易选择放弃。如果一个人看不到希望，那么他也就没有理由去争取。只有觉得自己能够做点什么的时候，他才会更加积极和主动。这种动力会促成对其他自然保护项目的支持。我在这个问题上迟迟没有表明立场，也的确有这方面的考虑，我总想着，说不定还有希望。"

还有一个重要问题影响着人们对于复活物种的态度，即这些被复活的究竟是原始的物种还是全新的？从生物学角度看，复活的动物是一个全新的有机体，是现有物种或灭绝物种的变种。不过，习惯了称呼一头毛茸茸的大象为猛犸象，大家也就会自然而然地慢慢接受了。

"如果科学家说他们培育的是一个全新的物种，我倒觉得大家的态度可能会更消极，因为复活古代动物的想法听起来似乎更为无害。"苏珊说。

从某种程度上说，与探索和发掘基因技术的潜力[7]、创造全新的物种相比，让曾经存在的动物重现于世，感觉更为稳妥，也更符合伦理道德。

"大家应该很容易理解，人的行为是受理性支配的。但我们也必须认识到，在现实中，感性因素同样发挥着巨大作用。特别是围绕这些问题的讨论，影响人们行为和反应的更多是感性因素，而非理性思考。"苏珊说。

注释

[1] 本·明特尔关于复活物种问题的文章“逆转灭绝是正确的吗？”（*Is it right to reverse extinction?*）2014 年 5 月发表在《自然》新闻主页上，http://www.nature.com/news/is-it-right-to-reverse-extinction-1.15212。

[2] 围绕这个议题，他撰写过另一篇较长的文章“让灭绝物种灭绝”（*Extinct Species Should Stay Extinct*），2014 年 12 月发表在网络杂志 *Slate* 上，http://www.slate.com/articles/technology/future_tense/2014/12/de_extinction_ethics_why_extinct_species_shouldn_t_be_brought_back.html。

[3] 《孟德尔方舟：生物技术与灭绝的未来》（*Mendel's Ark: Biotechnology and the Future of Extinction*）是一本聚焦复活物种的可行性所牵涉伦理道德问题的书，由艾米·弗莱彻（Amy Fletcher）撰写，2014 年由施普林格出版社（Springer）出版。

[4] 《动物再创造与改造的伦理学》（*The Ethics of Animal Re-creation and Modification*）是一本关于复活灭绝物种伦理分析的书，由马克库·奥克萨嫩（Markku Oksanen）和海伦娜·西皮（Helena Siipi）编辑，2014 年由英国麦克米伦出版公司（Palgrave Macmillan, London）出版。

[5] 苏珊·克雷顿的个人主页：http://discover.wooster.edu/sclayton。.

[6] 关于复活不同动物引起道德争议的论文：Sandler R. The ethics of reviving long extinct species[J]. Conservation Biology, 2014, 28(2): 354-360. http://hettingern.people.cofc.edu/150_Spring_2015/Sandler_Ethics_of_Reviving_Long_Extinct_Species.pdf.

[7] “所有关于‘反灭绝’的讨论都有违初衷”（*All This Talk about De-extinction Is Endangering the Whole Idea*）是一篇针对尚未应用于实践的一项技术的报告，报告认为，讨论该技术的潜力和可能面临的问题十分困难。这篇报告于 2014 年 3 月发表在网络杂志 *Vice* 的科技频道 *Motherboard* 上，http://motherboard.vice.com/en_ca/read/all-this-talk-about-de-extinction-is-endangering-the-whole-idea。

第 15 章

融化的永冻层

“感觉就像是猛犸象的尿味，你闻到了吗？”尼基塔一边问，一边在永冻层上黑色的淤泥中翻挖。事实是，整个河岸弥漫的气味就像马厩里堆着猪粪。随着气味越来越浓郁，淤泥也越发松软起来，我们只能依靠双手保持重心，以免脚下打滑，一头栽进泥里。

我们从切尔斯基的研究站出发，沿着宽阔而清浅的科雷马河逆流而上，行船约 3 个小时抵达此处。这里是杜瓦尼亚尔，河水渗入冰冻的土壤，形成了 40 米厚的永冻层。时值 7 月，随着冻土层表层融化，河岸的斜坡变成一面泥浆缓流的瀑布。当地的猛犸象挖掘者会到此处寻找值钱的象牙用于交易，但来的最多的还是世界各地的科学家，他们研究的不仅是永冻层，还有永冻层解冻后可能带来的改变。

和加拿大大部分地区以及美国北部一样，西伯利亚的土地全年处于冻结状态，只有最上面厚度不足 1 米的部分会在每年短暂的夏季融化，被称为活动层。活动层孕育着树木和青草的根系，隐藏着旅鼠和花栗鼠挖掘的地道，其他生物也在其中活动。活动层以下则悄无声息，成千上万年来都没有发生过明显变化。

西伯利亚的永久冻土被称为“苔原富冰黄土”，形成于上一个冰川时期。斯堪的纳维亚半岛还被冰川覆盖时，这里已经是一片广袤开阔的草原，成为猛犸象、长毛犀牛、野牛和剑齿虎的家园。从冻土层中还能不时地找到它们的骸骨，在此番寻访之旅中，我们发现了一根保存完好的猛犸象牙，以及数根骨头——据尼基塔猜测应该来自一头驯鹿。

根据在河岸边收集到的骸骨，尼基塔和谢尔盖希望能估算出最兴盛时期草原上的动物数量。他们认为，平均每平方公里土地上会有一头猛犸象、五六头野牛、七匹马和大约十五头驯鹿。与较小的骨骸相比，大块的骨骸明显保存得更为完好，因此难以估算小型动物的种群规模。这里也出现过食肉动物，但它们的数量比食草动物少得多，而且至今发掘出的骨骸也很有限。

这种测算数据的方法显然存在问题，齐莫夫父子很可能高估了这些动物的种群数量，但从遗留的大量骨骸来看，这里毫无疑问曾经是一片食草动物的丰沃乐土。

当时，西伯利亚气候干燥，多风多尘。每年，各地的尘土被劲风挟裹而至，在草原上积起一毫米厚的土层，如此持续了 4 万年之久。后来，极度严寒导致土壤自下而上冻结起来，地面缓慢抬升的同时，冰层也在吞噬能够触及的一切区域。冰川在动物脚下逐渐成形，我们今天仍然行走在冰川之上。

这里的土壤含氨量极高，对此一种理论认为，这是由于大型动物的尿液渗入土壤，尚未分解就已经结冻。一些动物的完整躯体连同部分植株和其他有机物一起深埋其中。尼基塔给我看了土壤中的一些细丝，它们是生长于1万年前的残余草根。

“假设把地球上的所有植被——森林、草地、灌木等——合在一起，提取出其中的碳放在天平的一端，再将永冻层中所含的碳放在另一端，你会发现，永冻层这边的要重一倍还多。”他说，根据最近一次评估，永冻层内的碳含量高达1300亿吨，相当于大气中碳含量的1.5倍。作为第一批发现西伯利亚蕴藏着大量富碳永冻层的科学家之一，谢尔盖在2006年发表了一篇具有开创意义的论文[1]。

和世界其他地方一样，北极地区的温度正在逐年上升，这让全世界的科学家和决策者对封存在永冻层内的大量碳越来越忧心。事实上，北极的升温情况比地球上其他地区都要严峻。在最近30年里，北极的气温以每10年0.5摄氏度的速度迅速上升。首要原因是冰雪的减少，海水和深色地面对阳光的反射率远低于白色的冰层，也因此吸收了更多的热量，导致整体温度升高。温度升高造成林木线北移，如今明亮开阔的苔原将长满昏暗茂密的树林和灌木，进一步凸显温室效应造成的影响。同时，植被的增加必然导致大量水分蒸发，让整个区域的温度稍稍降低，这在夏季尤其明显。

尽管速度缓慢，但永冻层极有可能会一点一点逐渐解冻融化。土壤里的碳会被微生物吸收，然后以二氧化碳或甲烷的形式释放到大气中。根据最新一次评估，如果温室效应按照目前的趋势继续下去，截至21世纪末，冻土层会有高达5%～10%的碳解冻后转化为温室气体。平均到每年，相当于温室气体排放量增加

10%[2]。

这个非常现实的理由或许可以解释，为何齐莫夫父子想要重现西伯利亚的草原地貌，为何乔治·丘奇想要将能够踩踏树木、植食性的猛犸象放归自然。通过这些努力，人们或许可以拯救趋于融化的永冻层，抑制二氧化碳的排放。

“我们该如何阻止永冻层融化？如何维持碳的冻结状态，不让它排放到大气中？这是一个巨大的挑战。但我们已经用行动做出了回应——拥有草原地貌和众多食草动物的更新世公园，或许是一种简单可行的解决方式。”尼基塔说。

这番充满雄心壮志的话背后的逻辑是这样的：一旦明亮开阔的草地替代了昏暗的灌木和树林，就能更多地反射夏天光照带来的热量。不过，散布着食草动物的草原所带来的真正改变还体现在黑暗漫长的冬季。每年冬天，西伯利亚地区都会被 0.5 ～ 1 米厚的积雪覆盖，并持续整整一季。

“绵软轻柔的积雪具有相当好的隔热效果。哪怕气温降到零下 50 摄氏度，有了积雪的阻隔，永冻层的温度也顶多降至零下 10 摄氏度到零下 5 摄氏度之间。”尼基塔说。

这样，土壤在冬季就不会深度冻结，春季来临时也就很容易融化。对此合理的解决方案是尽量铲除积雪，让土壤在冬季能够降到尽量低的温度，并且一直保持低温直到夏季。简而言之，就是减少进入永冻层的热量，以保持土壤的冻结状态。

“从理论上说，我们也可以派出数万辆扫雪车，把积雪铲干净，让永冻层直接接触寒冷的空气。不过抛开费钱费事的因素不谈，光是扫雪车的燃料排放出的温室气体，就足以功过相抵了。”

尼基塔说。

尼基塔和谢尔盖注意到，食草动物能够起到和扫雪车一样的作用。它们会翻挖或踩踏积雪，寻找可以果腹的冻草，这客观上让积雪的隔热作用彻底消失。科学家分别在更新世公园内和公园外的土壤内安插了温度计，监测实际效果。

“我们在 3 月末记录的数据显示，当时的气温达到了全年最低值。在公园围场外，深入土层 0.5 米测到的温度为零下 7 摄氏度。而在公园内，同样深度测到的温度为零下 24 摄氏度。食草动物的活动造成了 17 摄氏度的温差。”尼基塔兴奋地说道。

对于乔治·丘奇而言，更新世公园内与公园外土壤的温度差异已经足以成为拯救永冻层的希望。他表示，自己之所以希望复活猛犸象，而不是其他灭绝许久的动物，其中很大的一个原因是，猛犸象的再现有望维持西伯利亚永冻层的冻结状态。

“正因为如此，我们才需要开展大规模实验。在打造并放归第一批猛犸象后，它们会自然而然地以当地现有的植被为食。我认为，随着整个进程的推进，猛犸象必然能够独立生存，改善西伯利亚的生态环境。”乔治解释道。

继续深入到永冻层后，温度相对稳定，从公园内和公园外土壤中测得的数据差别并不大。但尼基塔坚信，引入食草动物将是保护永冻层的一个行之有效的方法。令他不安的不仅仅是永冻层融化可能对全球气候造成的影响，还有给当地生活带来的巨大困扰：由于地基不稳，一栋教学楼楼体中央出现了一条巨大裂缝，切尔斯基的学校被迫停课；树木开始动摇，随时可能倒伏；公路和油气管道面临着被摧毁的风险。在某些地区，仅仅数十年，土

西伯利亚的夏天，人们常常在永冻层中钻洞“冰镇”食物和其他东西。无论冬夏，永冻层下数米，温度总是恒定的零下 9 摄氏度。

地就下陷了将近 10 米。

几天前，我们走访了被美国访问学者命名为“地狱之门”的坑洞——之所以起这个名字，是因为坑洞内的蚊子比其他任何地方都要多。大约 10 年前，这里曾发生过一场森林大火，烧焦的枝干仍然随处可见。当时的火势极为猛烈，彻底烧毁了最上层能够隔绝热量的苔藓，导致永冻层开始快速融化。

永冻层内往往含有大量冻结的水，它们并非均匀分布，而是形成了大量冰块。这些冰块围绕着土体构成了一个个多边形。永冻层融化意味着水的流失。这些水或将汇入河流，或将形成湖泊。融水的积聚又会反作用于永冻层，加快其解冻速度。

地狱之门是一处几乎无法涉足的自然景观。这里几乎找不到一小块平地，要么是陡峭的山丘，要么是狭长窄仄的湖泊。这些湖泊逐年加深，地形也变得越发险峻。科学家称，发生森林大火之前，这里完全是一块平地。如今的坳陷构造是由永冻层的融化所致。在其他含水量丰富的永冻层内，类似的坍塌下陷也在发生。它们给地表造成的伤口越来越深，难以愈合。

融水形成的湖泊还带来了另一个问题。湖底的淤泥形成了一个缺氧环境，很容易滋生会释放甲烷的细菌，甲烷也属于温室气体且比二氧化碳的影响更大。永冻层融化究竟会导致多少碳解冻并转化为甲烷释放出来，目前仍是最大的未知数[3]。

融化的永冻层是一个涵盖面太广的问题，要面面俱到地理解它几乎不可能。可我认为，通过放归数百万匹马和十几万头猛犸象来解决问题同样让人不可思议。在几百公顷的范围内实验成功是一回事，能否适用于整个北极圈区域是另外一回事。我问尼基塔，他是不是真的认为，只要理论上可行，就代表一定能够付诸实践？

“俄国、加拿大和美国的政府会不会突然发现这是个好办法，然后开始放归动物，对此我持保留态度。反正近25年来，他们做的真的很少。”在尼基塔看来，迟早会有一天，当大部分永冻层开始融化，大规模的地表塌陷将不可避免。当赖以扎根的坚实土壤变成松软淤泥，树木就会倾覆，森林也将最终消失。

“草地能在短时间内初具规模，因为青草总是新的土地上最先孕育出的植被。”尼基塔接着说，“用不了30年，就能长出足够多的草供动物食用。那时，人们就会意识到问题的严峻，开始有目的地放归马匹。马匹的数量会成倍增长，那里会有取之不尽的食物。只需要几年的时间——如果动物数量足够多——它们就能阻止所在地区的永冻层继续融化。当然，已经造成的伤害无法弥补，可是从现在开始努力总比什么都不做要好。不过……”尼基塔欲言又止，无可奈何地耸了耸肩，对于那些效率低下、毫无热情的政客，他的态度不言而喻。

在我接触过的所有科学家中，没有人对这一理论的可行性提出质疑。尽管地球气温持续升高，食草动物的活动仍然能够起到降低温度、维持永冻层的作用。尽管缺乏猛犸象这种能够摧树毁林的大家伙，但马匹、野牛和其他食草动物也足以改变当前的环境[4]。

将理论应用于实践的最大障碍在于永冻层的规模。西伯利亚幅员辽阔，几乎找不出词语来形容那种宏大和广袤。从莫斯科飞往切尔斯基的十几个小时行程中，我目睹了俄罗斯大片大片人迹罕至地区的自然风光，以及冰天雪地的无边旷野。北半球1/2的陆地都被永冻层覆盖着，其中大部分地区都需要培育新的植被、引入食草动物，才有可能解除永冻层融化的危机。

理论和实践是有差别的，圈出数十公顷土地观察到的实验效果，和在整片大陆上进行同样操作得出的结果必然不同。也许，再现草原地貌、引入植食性的猛犸象是拯救永冻层的一种可选方式。除此之外，还要积极控制全球变暖趋势。不过，纵使怀有这样的雄心壮志，我们面前的挑战也不容掉以轻心。2015年的巴黎气候变化大会通过的《巴黎协定》指出，很多地区的永冻层都会融化，封存在其中的碳也会转化为温室气体释放到大气中。或许，是时候让梦想家另辟蹊径，化解眼下的危机了；又或许，阻碍其他可能性的正是这些不切实际的空想家。

在杜瓦尼亚尔的黑色河岸斜坡上，我站在及膝深的淤泥里，踩着冻结的土壤一步一滑地往前走。在此期间，尼基塔还找到了一块残缺的猛犸象臼齿，和一袋牛奶差不多大。这颗臼齿若是完整约有两公斤重。我一边驱赶着恼人的蚊子，一边翻来覆去地掂量这块象牙残片。它少说也有 1.4 万年的历史，很可能在 2 万～ 3 万年之间。

在这片覆满淤泥的坡地上，有一个现象颇有意思：任何一处稍微稳固些的地方——哪怕只有很小的一块——都会呈现出盎然的绿意。斑斑点点的绿色在这片泥流中形成了大大小小的“岛屿”。肥沃土壤中混杂着各种植物的种子，自猛犸象的时代就冻结于此。科学家发现并成功培育的距今年代最为久远的种子就出自这片土地。我所见到的这些植物都来自沉睡千年的种子，它们因为永冻层渐渐融化而苏醒，生根发芽。在一段短暂的时间内，淤泥中的这些地块会遍布花花草草。而若干年后，河流一旦改变流向，不再灌溉这片土地，这里的斜坡又会被苔藓、黄花柳和落叶松覆盖，一如环绕周围的自然景色——除非齐莫夫父子的更新世公园拓展到这里。

“在这里，古老的自然会间歇性地复活。”尼基塔说。

注释

[1] 谢尔盖关于永冻层碳含量的学术论文：Zimov S A, Schuur E A G, Chapin III F S. Permafrost and the global carbon budget[J]. Science(Washington), 2006, 312(5780): 1612-1613. https://imedea.uibcsic.es/master/cambioglobal/Modulo_V_cod101619/Permafrost%20response.pdf.

[2] 关于融化的永冻层内的碳和气候之间的密切关系，可以参考这篇论文：Schuur E A G, McGuire A D, Schädel C, et al. Climate change and the permafrost carbon feedback[J]. Nature, 2015, 520(7546): 171-179. https://www_nature.gg363.site/articles/nature14338.

[3] 关于西伯利亚正在融化的永冻层，我撰写过一篇深度报道“黑色威胁”（*Det svarta hotet*），2015 年 11 月发表于《研究 & 进步》（*Forskning & Framsteg*），http://fof.se/tidning/2015/10/artikel/svarta-hotet。

[4] 大型食草动物的缺失会造成诸多问题，具体可参见 2015 年 11 月发表于《大西洋月刊》（*The Atlantic*）的文章“粪便如何维持世界‘运转’”（*How Poop Made the World Go “Round”*），http://www.theatlantic.com/science/archive/2015/11/how-the-poop-of-giant-animal-species-kept-the-world-healthy/413608。

尾声

生命会找到延续的方式

对于已经失去的物种，用任何办法都无法真正挽回，打造一个替代者是我们能做到的极限。

类似北部白犀牛这样的物种，替代者在基因方面也许能做到完全一致，区别会呈现在其他一些方面。我们会失去所谓的动物文化——比如，幼崽从父母或族群中学习本领。不过，就像那些自幼生长于动物园、而后被放生的物种一样，复活的白犀牛再次回到野外也是一件“自然”的事。类似的经验并不算少，结果有好有坏。没有任何迹象表明，由于打造动物的细胞经过数年的冷冻，结果会变得不一样。换言之，冷冻细胞并不会构成阻碍，影响新的白犀牛掌握知识，然后传授给下一代，进而形成新的白犀牛文化。

而猛犸象、旅鸽和原牛的替代者则与它们的原型相去甚远。问题是，它们究竟将扮演怎样的角色。如果西伯利亚出现了一只毛茸茸的身形庞大的动物，拥有象牙和象鼻，有能力将树木连根拔起，并且过着群居生活，那它算是一头猛犸象吗？如果算的话，是因为它具备了猛犸象的作用，还是因为它能让我们联想起猛犸象这个概念？如果不算的话，是因为它的祖先并非 1 万年前活跃在这片土地上那群猛犸象吗？

我和谢尔盖·齐莫夫站在位于西伯利亚的研究站外，望着远处的风景。研究站坐落在高地之上，极目远眺，可见蜿蜒的河流，由落叶松构成的稀疏森林，以及覆盖着苔藓的湿地，树木在那里无法生长。目光所及之处没有任何房屋、船只或公路。我不禁感慨，这里是我见过最美丽的地方之一，可站在一旁的谢尔盖只是摇头叹息。

"要知道，这不是自然。而是墓地，是垃圾填埋场。这些都是 1.4 万年前消失的生态系统留下的破碎残余。"他说。

我采访过的很多科学家都说过类似的话：我们生活在一个贫瘠的地球上，被剥夺了太多的物种财富。

在位于圣克鲁兹的实验室里，我问本·诺瓦克复活旅鸽最强烈的动力是什么，他给出了这样的回答："以前我总觉得，复活灭绝物种不过是对过去的重现，可我现在认为，这是在人类导致太多物种灭绝后，大自然自我修复的一种方式。"

挽回失去的财富，这个想法的确令人心动，但随之也产生了一个新的难题：复活后的物种会让我们产生异样的感觉吗？它会改变我们对自然的观感吗？作为人类，我们所熟知的一些最古老的传说，主题都是文明与自然间的挣扎抉择，以及人类驯服野生自然、建立自身文化的努力。或许这一目标早已实现。我们已经成为自然的主人，在用数千种方式不断地改造着它。

"你会想养一只小犀牛当宠物吗？你会想要一只长得像老虎

的小猫吗？如果可以的话——我们还会希望在野外看见凶猛的老虎吗？我们究竟希望这个世界变成什么样？”在见面时，奥利弗·莱德提出了一连串反问，他认为无论是好是坏，我们对自然所做的一切已经越线。对于这些问题，他本人不愿回答，只是表示，这应由整个社会共同决定。他希望人类这一物种能够积极致力于保护地球的生物多样性，让世界变得更加繁荣，而不是像从前那样，只是持续地消耗资源。

几乎所有复活灭绝物种的尝试都有一个共同点：被选择复活的动植物都属于有魅力的生物，足以吸引人们的热情和好奇。猛犸象、旅鸽、恐龙，以及壮观的美洲栗……这当然不是偶然，复活项目的目的是激发人们的兴趣，围绕技术问题展开讨论。不过，世界上绝大多数研究都以小白鼠、果蝇或拟南芥作为对象，这些不起眼的、再普通不过、很易于得到的物种很难赢得大众的喜爱。从纯学术角度看，复活一只冰河时期的大鼠和打造一头猛犸象具有同等的意义和价值，但要作为夺人眼球的新闻，后者显然更有优势。

当我询问乔治·丘奇，为何选择复活猛犸象而非其他动物时，他回答道：“猛犸象是一种讨人喜爱的、充满魅力的动物。孩子们不断写信给我，表达自己对复活项目的惊喜和期待。”

我的想法仍然在左右摇摆，始终拿不定主意。复活灭绝物种的尝试究竟是不是个好主意？正反两方的观点都很有说服力。正如心理学教授苏珊·克雷顿所言，我们的立场很可能更依赖于直观感受，而非事实判断和理性思辨。无论如何，我们还是可以列出不同理由，尽量客观地衡量利弊。

对复活灭绝动物持反对意见的学者提出了大量论据。以下是我认为最具分量的三点：

第一，将新物种放归自然存在巨大的风险，大量事实表明，入侵物种可能引发严重的问题。对于放生的后果——哪怕是经过深入透彻研究的动物——科学家目前仍然难以预判。由于我们对新物种知之甚少，产生的问题也会更多。这是一个切实存在的科学隐患，不是我们的情感能左右的。

第二，人类和自然的关系面临改变。根据苏珊·克雷顿的说法，我们在自然中的体验势必将受到影响。至于意义深远与否，目前还很难下定论。如果我漫步在斯科讷最美丽的山毛榉树林里，抬起头，从树叶、枝条的隙缝间看见一只鸟，并且知道它的祖辈来自实验室，是人为创造的，这会让我对它另眼相待吗？我会因为它而觉得这片树林不再壮观吗？抑或是，我会对这种鸟类仍存于世心怀感恩？另外，人们也有可能产生疏忽和怠惰的心理。一旦意识到灭绝物种可以复活，我们或许就不再积极努力拯救濒危动植物了。

第三，盲目执迷于各种可能性、工具和最新技术，而不去真正思考如何才能最好地发挥其应用价值，以及什么时候该及时叫停项目。我和珍妮·洛林聊起复活北部白犀牛面临的风险，她这样的形容："如果你手里有一把榔头，也许看到什么问题都像是钉子。"一如普罗米修斯的经典故事，人类的自大和盲目往往会酿成祸端。

支持复活物种的一方同样列出不少有利的论据。在我看来，其中有三点强有力的理由：

第一，新物种具备改善生态系统和丰富生物多样性的潜力，它们还能以自己的方式惠及大量其他物种。它们能够承担催化剂的作用，促使生态系统变得更为健康。正是出于这一考虑，本·诺瓦克想要尝试复活对森林有重大影响的旅鸽。

第二，复活物种的项目给人们带来希望，让人们相信世界会变得更好。致力于物种保护的菲尔·塞登提出，如今的一个严峻问题是，大众存在一种消极而悲观的心理，觉得一切终将灭亡，努力是徒劳的，只能稍稍拖延不可避免的灾难。一头“亡者归来”的北部白犀牛足以扭转局势。乐观、希望和对未来的信心能够激发人们的热情，从而拯救更多的濒危物种。复活的新物种也将成为里程碑式的标志，证明新的知识能够使世界变得更美好。

第三，我们将从整个研究过程中收获良多。无论最终西伯利亚能否再现猛犸象奔跑的盛景，或者人们是否能从宠物商店买到母鸡大小的恐龙，这些探索和实践都是知识积累的过程。所有这些项目的成功，都要以科研突破为基石，而这些创新又将应用于其他行业和领域之中。本·诺瓦克用太空竞赛进行类比。科学家为了实现登月的梦想而付出了大量努力，也带来了许多意想不到的收获。其中之一就是证明了人类太空行走的可能性。在我看来，这大概是最重要的推动力，也是最有说服力的论据，说明科学家应该挑战看似不可能的目标，包括复活已经灭绝的物种。

当我进一步询问杰克·霍纳，为何想要打造一只母鸡大小的恐龙时，他给出了这样的答案：“我认为很遗憾的一点是，人们总觉得每个学术项目都应该关乎民生，比如围绕餐桌上的食物或汽车里的汽油。如今，人们已经不愿纯粹出于情怀和热爱投身科研了。科学家也不愿耗费大量时间，只为探索而探索。我们所生活的这个世界，乃至整个宇宙存在太多值得发掘的潜力和价值。”

我也问过一些非学术界的朋友，为什么会有人想要复活一头猛犸象，大多数人回答说：“因为他们有这个能力啊！”在从事相关研究的科学家中，倒是很少有人提及这一点。所有项目的驱动力都基于好奇心、热情和一种挑战不可能的愿望。在整个采访过程中，让我最为感动的正是这种奇妙的驱动力和科学家不懈的努力与付出。

这是一本关于最初和最后的书，关于尝试复活已灭绝的物种的书。我本以为它会充满怀旧情结，充满对于已消失世界的憧憬，然而随着采访和书写的深入，我发现它更多地在讲述未来和现在——关于我们人类已经成为大自然的主宰，关于科学家不屈不挠的探索欲望。

注释

关于科学家对于复活灭绝物种可行性的不同看法以及理论层面的讨论，我将部分争议和意见整理如下。对于希望加深了解的读者来说，它们是相当有趣的阅读材料，其中一些文章也是启蒙的理想教材。至于伦理方面的争议，我在第 14 章里有更详细的论述。

[1] 两篇论文（支持和反对）和一篇杂志社论，可参见：http://escholarship.org/uc/fb/6/1。

[2] 对复活项目态度非常积极的一名生物学家格林（Greene）在《人与自然的中心》（*Centre for Humans & Nature*）发表了题为“只要我们可以做，只要我们想要做……”（*As Far as We Can Go, as Far as We Want to Go......*）的文章，http://www.humansandnature.org/conservation-extinction-

harry-w.-greene。

[3] 生物学家埃伦菲尔德（Ehrenfeld）对复活项目极为反对，2013 年 3 月他在《卫报》上发表了一篇题为“复活猛犸象和渡渡鸟？不要指望它”（*Resurrected Mammoths and Dodos? Don't Count on it*）的文章，https://www.theguardian.com/commentisfree/2013/mar/23/de-extinction-efforts-are-waste-of-timemoney。

[4] 另一名持批判意见的生物学家是欧利希（Ehrlich），2014 年 1 月他在《环境 360》（*Environment 360*）上发表了一篇题为“反对‘去灭绝’的理由：这是一个引人入胜但愚蠢的想法”（*The case against de-extinction: It'sa fascinating but dumb idea*）的文章，http://e360.yale.edu/features/the_case_against_de-extinction_its_a_fascinating_but_dumb_idea。

[5] 还有一名明确表示反对的生物学家——皮姆（Pimm），2013 年 3 月他在《国家地理》杂志上发表了题为“反对物种复活的理由”（*Opinion: the case against species revival*）的文章，https://news.nationalgeographic.com/news/2013/03/130312--deextinction-conservation-animals-science-extinction-biodiversity-habitat-environment。

致谢

有这样一句谚语：养育一个孩子，需要举全村之力。我认为这句话也适用于写书。如果没有许许多多人的帮助，这本书不可能顺利出版。在此，我要向所有人表示由衷的感谢。

我要感谢自由思想出版社（Fri Tanke Förlag）的出色编辑丽萨、艾玛和克里斯特，她们慷慨的帮助使我尽可能完善这本书。还记得 2014 年 11 月的那个铅灰色夜晚，我在午夜前忐忑不安地提出了关于写这本书的想法，她们在第一时间表达了信赖和支持。我也要感谢奥拉设计了如此精美而别致的封面。

我要感谢所有抽出时间接受采访的科学家，他们耐心解答我的问题，帮助我进一步了解他们所从事的项目和获得的成果。他们并非孤军作战，而是在和团队一起努力。考虑到可读性和紧凑性，我在介绍每个项目时都只提到了几位关键人物，但在现实中，任何工作都离不开大批科学家的共同合作。

在采访和写作过程中，还有很多人给予了我支持和帮助，他们的名字无法在书中一一提及。我要特别感谢玛丽亚·莫斯塔修斯，她是隆德大学动物学博物馆标本库的负责人。我和她共同度过了一个美妙的下午，玛丽亚还教会了我认识原牛的骨架和旅鸽的填充标本。

所有的故事都有一个起点。我要感谢我的两位启蒙老师，他们是我决定成为一名科学记者最大的理由。谢谢拉戈纳，我高中时杰出的海洋生物学老师。你极富感染力的好奇和热情始终留存在我心里。谢谢卡琳，在我刚入职《每日新闻》报社时，宽容接纳了青涩而懵懂的我。你教会了我作为科学记者应具备的基本知识和素养，并且不断提出要求，激励我成长。没有你的指导，我不会取得今天的进步和成绩。

我要感谢在写作过程中默默支持我的那些善良、美好、伟大而传奇的朋友。谢谢你们耐心聆听我从猛犸象粪便说到《吉尔伽美什史诗》；谢谢你们尽力回答我所有稀奇古怪的问题；谢谢你们的宽容——我会一连失联几周，然后失魂落魄地出现在你们面前，哭诉自己永远写不出一本书，你们用拥抱化解了我的沮丧；谢谢你们陪我喝过的下午茶，谢谢你们为我喊出的鼓励的话；谢谢你们在我经历写作阵痛期间无条件地为我加油；谢谢你们阅读了大量草稿，并提出睿智友善的看法。

另外，我要特别感谢网站 mammutkvinnan.se，从某种意义上说，它赋予了我“猛犸象诗人”的身份。我按照抑扬格五音步创作出一首二十行的关于猛犸象的诗，这大概是我人生中最不可思议的时刻之一。在这里，请允许我和大家分享这首诗的前四行：

暗沉而冰冷的科雷马河，
将沉溺的巨人永久埋葬。

勇敢的潜水者没入夜色，

唤醒沉睡于河底的宝藏。

我要感谢开明的父母，在整本书的写作过程中，他们从图片拍摄到资料查找，在每一个细节上给予我支持和帮助。

谢谢托比亚斯，于我而言，你有着不同于别人的特别意义，你是这一切存在的理由。

本书中有关各位科学家的采访内容并非逐字翻译，考虑到作品的适读性，进行了必要的精简与总结。作者的采访记录为录音和书面速记，因此无法向读者展示原材料文件，还请读者见谅。

图书在版编目（CIP）数据

物种复活 /（瑞典）托里尔·科恩菲尔特著；王梦达译．-- 海口：南海出版公司，2020.4
ISBN 978-7-5442-9753-0

Ⅰ．①物… Ⅱ．①托… ②王… Ⅲ．①动物－普及读物 Ⅳ．①Q95-49

中国版本图书馆CIP数据核字（2019）第279359号

著作权合同登记号 图字：30-2019-120

物种复活
〔瑞典〕托里尔·科恩菲尔特 著
王梦达 译

出　　版 南海出版公司 (0898)66568511
　　　　 海口市海秀中路51号星华大厦五楼 邮编 570206
发　　行 新经典发行有限公司
　　　　 电话(010)68423599 邮箱 editor@readinglife.com
经　　销 新华书店

责任编辑 秦　薇　詹　泽
特邀编辑 余梦婷
装帧设计 李照祥
内文制作 博远文化

印　　刷 北京天宇万达印刷有限公司
开　　本 880毫米×1230毫米 1/32
印　　张 7.5
字　　数 110千
版　　次 2020年4月第1版
印　　次 2020年4月第1次印刷
书　　号 ISBN 978-7-5442-9753-0
定　　价 58.00元